Levin Hulsius

Theoria et praxis quadrantis geometrici

Levin Hulsius

Theoria et praxis quadrantis geometrici

ISBN/EAN: 9783743657472

Hergestellt in Europa, USA, Kanada, Australien, Japan

Cover: Foto ©berggeist007 / pixelio.de

Weitere Bücher finden Sie auf **www.hansebooks.com**

THEORIA

Et Praxis Quadrantis Geometrici &c.

Das ist/

Beschreibung / Unterricht vnd

Gebrauch / des geuierdten Geometrischen vnd an-

derer Instrument / damit ein jede ebne / höhe / weite / längerweite / tieffe / vnd gewisse distantz eines jeglichen dinges / nach der Euclidis, vnd anderer gelehr-
ter Mathematicien Regel / abzusehen vnd zumessen.

Item / ein Statt / Garten / Weyer / oder Land von 5.6. oder mehr
meile groß / nach dem kleinen Geschirch zuuerjüngern / vnd in
Grund zu legen.

Mit xxxvii. Kunstreichen Kupfferstöcken gezieret.

Beschrieben durch

Levinum Hulsium, Gallicæ linguæ Noribergæ ludimag. illustrat, Not. Imp.
der Mathematischen Kunst Liebhaber.

NORIBERGAE, TYPIS GERLACHIANIS,
Sumptibus Cornelii de Iudais. 1594.

Namen der Authorn / deren sich der Beschreiber diß Büchleins gebraucht hat.

Orontius Fineus.

Euclides, Clavii.

Perspectiva Vitellionis.

Petrus Apianus.

G. Rivius.

Cosimo Bartoli.

Gemma Frisius.

J. Bassentinus Scotus.

Dem Hochwürdigen Für-
sten vnd Herrn/ Herrn Julio/ Bischofen zu
Würtzburg/ vnd Hertzogen in Francken ꝛc. meinem
gnädigen Fürsten vnd Herrn.

HOchwürdiger Fürst / Gnädiger Herr/
Nach dem Cornelius de Iudæis, von Antorff der Cosmographien
liebhaber (E. F. G. wie sie selbs zum theil gespürt: vnd noch
besser in zukünfftiger zeit befinden werden) Vnterthäniger Dienstwilliger) mir vor langest/ die Bildnuß etlicher diser Kupfferstücklein/ zubesichten her-

A ij   auff

auff geschickt hat und zumeissen gethan daß er solchersmag der beschreibung mitsampt der
art / wolte auffgehen lassen / habe ich zu vffternmals schrifftlich deßhalben ersucht /
daß er doch solches angefangen künstliches Werck befördern wolte : welches fast
geup. Jne also derhalben / damit er mit grössern und wichtigern geschäfften /
als nemlich / mit vollendung seines Speculi Orbis , und beförderung eines grossen
Globi terrestris, nach augmentierung der Holländischen Figuren / verzaget und beladen
gewesen ist / So hat er mir doch endlich nach vielem anhalten / solche Kupfferlein
herauff geschickt / und folgends zu mehren / und zubeschreiben kommuniciert und befoh-
len / Doch mit dem begern / das solche Werck vnter E. F. G. löblichen Titel und
Namen / außgehen und an tag kommen soll. Welches ich dann / auff vielen ver-
ehren / zur gten verwilliget / Sintemal ich ohne das / solches Werck E. F. G. bil-
lich zu dediciren vnd zu intitulieren / mich schuldig erkenne / Dieweil ich selbst persön-
lich vnterthänig erfahren / vnd mit der that / E. F. G. hochlöbliches Kunstbe-
gierendes gemüth zu allen Künsten vnd newen Wercken / gespüret vnd befunden
habe.

Gelange demnach an E. F. G. meine vnterthänige hochfleissige bitt / dieselbe
bitte wollen Jhr / diese meine schlechte / geringe / doch insonderheit vnd mühsame Ar-
beit / gnädiglich belieben vnd gefallen lassen. Hiemit E. F. G. inn gnädigen schutz
vnd schirm des Allmächtigen Gottes / zu langwieriger Gesundheit glückseliger Re-
gierung / vnd nach jederzeit zu Gnaden derselben vnterthänig befehlende.

Datum Nürnberg / den x 2 1. Januarii, Anno m. d. x c i i i i.

E. F. G.

Vnterthäniger dienstwilliger /

Levinus Hulsius, Flander.

CORN-

CORNELIVS DE JVDÆIS

Antverpianus, Benivolo Lectori Sal.

ENIVOLE LECTOR, HABES HIC IAm-pridem sæpe desideratū Quadrantem Geo-metricum, at germanicè, aliter propter alia incommoda non potui; Latinus post dabi-tur, notis non paucis locupletior. Hoc te recrea quicun-que sis, donec alio idiomate alius. Nec nos mirare qui jam toties à tot edita & explicata demus, libenter cape, alia sunt & crede nova, nova? nova verè. Tractarunt quidem alii & sanè multa: nemo tamen tanta cum luce & animo, nemo sic. Compositionem hic nec cætera ja-cto, unam tamen laudo in hoc, diligentiam & assidua-tem. Porrò quid fugimus, judicate: præter sumptus & ornatus eximios germanicam habere ex industria viri verè diligentis. Denique, hæc neque aliquid esse æstime-tis vos quibus hic studium & otium: sed, uti est, ad ma-jora & altiora vias esse putate. Placeant itaque & arri-deant vobis, ut reliqua nostra, sumptuosiora & magis ardua, feliciùs exsurgant, citiusque. Vale.

P. M. ad Cornelium de Iudæis.

Temmatis Arma tui non, De Iudæ, vetustos
Tantum Majores, progeniemq́, notant,
Verum etiam annales, Augusta Colonia Priscos
Quos habes, ostendunt hoc faciuntq́, fidem,
Gens De Iudæis, Romanæ mista colonis
Isthuc Ausonia quòd tulit urbe lares.
Tu virtute tuos Corneli vince parentes,
Famaq́ tua ut gentis crescat honorq́, tuus.

Dæ

Das I. Cap.

Bericht / vnterschiedlicher art vnd weiß / der Geometrischen Messung.

Es seind dreyerley messung: als nemlich, Euclimetria, oder Longimetria, Embadometria, oder Planimetria, vnd Stereometria, oder Solidometria.

I. Longimetria begreifft allein nach der länge durch gerate linien gemessen wirdt, auß welcher man die maß der langen erkennen lernet.

II. Planimetria, so durch gerade linien / nach der länge vnd breite geschicht: gibt den begriff jeder flachen Zeichnungsgrund einer Statt vnd sonsten zuerkennen.

III. Solidimetria oder ist / durch welche die länge / höhe / breite dicke vnd tieffe aller soliden oder costigen cörperlichen dingen mit grundlich zu messung rechnen / ab jemessen werden.

Nun ist voller Gottman allein von der ersten vnd andern art der messung / für das mal / zu handlen, wie man die 8 vnterschiedliche Mathematische Instrumenten in jede eines jedes brauche messen soll. Item / ein Statt / Garten / oder ein Land/ wie fainst sich jeder mehr messen, abpuncten/ zetrtagen / vnd aufs Papier oder Tafel zu richten.

Cap. II.

Bericht der vnterschiedlichen Maß / so zum messen gebraucht werden.

Es werden vnterschiedliche maß zum messen gebraucht/ Deren disse die fürnembsten seind.

Granum hordei, digitus, pollex, palmus, pes, cubitus, de tempeda, stadium, milliarie m, leuca &c.

Granum hordei, Ein Gerstenkörnlein / ist die kleinste maß / deren vier halten ein finger.

Digitus, Ein finger / deren vier machen ein palmum, 16. oder halten 12. zol / oder ein schuch.

Pollex

Pollex oder uncia, Ein daumen oder ist dem zwölff machen einen schuch.

Palmus, Ein zwerche handt von 4. fingern aber 3. zol / deren 4. palmen machen einen schuch.

Pes, Schuch / deren anderthalben machen einen cubitum, fünff aber einen Geometrischen passum.

Cubitus oder braco, Ein ellenbecht anderhalben schuch.

Passus, ein dopppeler Schritt von 5 schuch / deren hundert und fünffundzweintzig ein stadium machen.

Decempeda, ein Meßruthe zehen schuch lang / von den alten den zehen gebraucht die die Geometrici aber zu unsern zeiten / brauchen zur Abmessung der Aecker durch sechzehen schuch lang / Welche dest bequemer zu abtheilung unter eilen ist.

Stadium, begreifet 125 passus oder das 5 schuch welche Hercules in einem athem soll geloffen haben / wird auch ein Rennlauff genennet / deren acht das milliarium oder meil machen.

Milliarium, von milieren weil / zu nemen ist ein Italienisch machen 8 stadia / 1000. keyserliche schrit oder 5000. schuch.

Leuca, ein grosse Italienische meil hat 12 stadia, 1500 schrit oder 7500 schuch.

Ein Frantzösische meil überscht 2. milliaria, 16 stadia, 2000. passus, oder 10000. schuch.

Ein Teutsche meil helt 4 Italienische / oder 2 Frantzösische meil 32 stadia, 4000. passus, oder 20000 schuch.

Die Hispanische meilen seind den Teutschen gleich.

Ein Schweitzer meil helt 40 stadia.

Was nun aff die Höhe länge weit breite und tieffe der rechten linien / durch unterschiedliche Instrument / mit deren hilffe dieselbigen abzumessen oder zu messen seind / durch eigentliche beobachtung doch solches gemeiniglich durch Sexтом abzumessen / das ist / durch die Messerlinien / wie die linien am besten weisen auff der Quarta Geometrica, abgenommen werden. Derhalben diß Instrument allen andern darumben fürgeset / welche perpendiculariter so weit in die höhe als in die planum, nach der läng fürsicht) zu erkennen / resetur und fürgeset werden.

Dieses aber solche Instrument desto leichter ume abmessen und gemacht werden / Haben wir diß Figur oder Form hieher gesetzt. Was unter diß alsó gemacht / und ordret und aufgericht.

Nota, Dioptra oder Regula. Es hat augenschein oder messene Regelauff disem Instrument / da die zwey ersichten mit den löchlein auff stehen.

Punctæ seind die theil oder proportionem under α recta & versa, in 12 gleiche puncte oder theil getheilt seind.

Cap. III.

Cap. III.

Wie der Geometrische Quadrant oder gevierdtes

Instrument/alle Gebäu abzumessen/soll

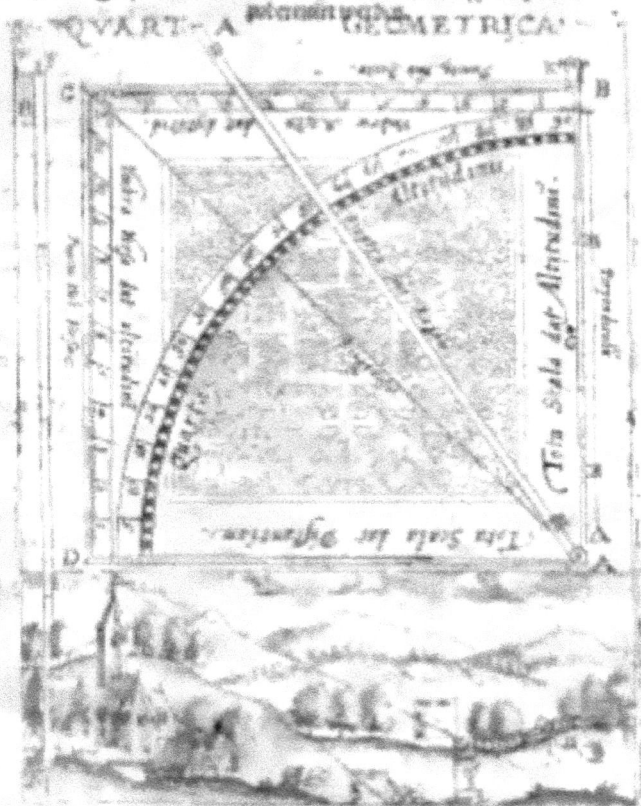

M Inmer hat ein Seite von hartem harten geschlachten Holtz (doch were es besser von saubernen Meß) macht/ gleyt so den daumens dicke / und auch von es sauber gemacht/ so macht das mit grünem Seyt nach dem Winckelhacken geschnitten/ zweyerley rechte einer Spieß lang. Dieweil / und diese drey seyen/ A B, C, D. Welche auch ein Winckel oder A gleich/ und ist solches daumens breit/ und so lang als die Spiegel des A C des Instruments sol und besser/ und in A, so das es sich an beiden Seiten von D nach C und von daumens auch so bewegen laße.

Nach als dann an beiden Seiten D, C, und C, B, der rechten Seiten das ist/ gleich wie den einander/ so man Scalam Altimetrum nennet/ und theils sehr feinen von D nach C, welches umbra recta, und von B in C, so umbra versa genannt wird/ ein theil gleich/ einer oder aber / an die zweyerleyen Thaten aufweist. Mich aber findet/ aber so fleisen/ daß solche Altimeter in die gleiche theil nur in der Orontius, Bartoli, und andere nicht gebraucht) ausser seine Seite.

Also daß / daß die zähl / sich einander alle / so daß darinn vnd allso zu theilen dar so gezeichnet werden/ Es soll auch betrachten noch ein kleine parallel linien zeichen werden/ das ein man die so starcke theil sonderlich abmessen mag/ wie ich zu Capitel hernach von des Quadranten beschreibung zu sehen.

Orontius Fineus, Cosinus Bartoli, P. Appianus, Klvius und andere beschreiben diß Instrument zu ereichen/ wie ein Rahmen zu vier gemein Spielen oder Richtscheiden / jeder ein halben schuch breit/ und drey schuch lang. Dieweil aber solches groß Instrument bey sich zu tragen / zu mühesam und unbequem ist / habens wir es gewißlich ein schuch groß / in der Theilung (wie wir es auch selbst also gebraucht) bestelen wöllen. Und stehet einem jeden frey / solche also groß oder klein zu machen/ wie er sich in ihrem Gebrauch wie in allen Mathematischen Instrumenten zu merckest je gefälliste gewiese vnd gerecht sie sind.

Also gehört zu diesem Instrument ein gerader Faden von vier schuch lang/ die mit E, F, verzeichnet/ daran mit einem eisernen Spitz/ damit man solchen senckrechte in die erden stechen kan/ und hat oben ein klein nägelein/ mit Ha bezeichnet/ das Instrument mit dem stecklein G, daran zu hencken.

Letzlich ist an diesem Instrument ein perpendiculum oder bleiwägelein / so bißweilen von B nach A hinderwerts hencket/ soweilig/ wenn man den zweyen hinderstumpt die h die einen Ding oben die in diese versehenden Eygentümer vom Quadranten zusetzen/ welches wir bißweilen also henckt zu von A nach B, so man die höhen oder weite den ebnen hinnen transerialals die weite höhen der Figur angezeigt wie/ welches mit den stecklein G, so mit K verzeichnet/ bißweilen aber diese von dem Instrument leßt geschrieben werd. Man soll auch wissen wie man diß Instrument ohne Thurn oder Stein also anlegen gebrauchen soll.

Dann so man das Instrument/ nach dem perpendicula zu stecken recht gerichtet und gerichtet hat/ sol man von aug in nach A sehen/ von die Regel so lange den und weiter rücken/ biß man von unten hinaussehen/ die Sonnen so man müssen will/ durch diese stählein sehe / als durch das das Instrument und die Regel verursacht / und die abermal durch diese stählein/ den oben hinnein/ und werde gehen zum ersehn auß / die ende Winckeln zu gewiß auf genchen/ wie bist/ die vorige Figur des Thurns/ als auch die letzte Figur unter der Quarta, der stechen G geschrieben/ da es ist die weite von daumens die in gesicht/ wie die eine ersehen ist/ biß zum Thurn/ ist es mit stein Staven geschlichter wissen machen/ ist es aber mit zweyen stoffen/ so muß

                                                            so muß

Es muß die von einem geschehen auff die Seiten verschen / soll zum andern messen / wie folgen / Cap. 15 vom Son. D. 15 E. von E. biß P. gesehen. Im andern weg so habe mit die figur des Theils vnd des Inglichs von der vorigen Quarta, dabey verordnet damit angezeiget wie diese Instrument recht vnd eygentlich soll gericht vnd gesehen sol werden. Vnd ist die figur des Theils auß der radicali demonstration, so wie erstlich gestellt vnd Cap. 2 2. vnd vnd 3. sein vnd sämmen ist, auß einem fluß / auch vns zweyen ständen erkleret werden. So auch der Theilfigur die zu einem abgemeinen Exempel denen / die weil in vilen nachfolgenden Figuren solcher Instrumente oder versehen stehet / welche wie nicht haben einen oder andern sondern denselben vnd vnserm beschreibung zeigen müssen. Vnd werden das 15 vnd 16 Capitel besser verzeichnet geben.

Auff diesem Instrument sind auch die 30 grad Quarte alsmendials begriffet / damit zu erscheinen, wie hoch die Sonn / Mond / oder ein Stern oder ein Himmel von dem Ertreich erhoben ist.

Vnd würde nicht anders als da man die höhe eines dings obt abschen / gedancket. Dann da du die Regel so lange hin vnd wider nücket, biß die Sonn oder Mond den schein durch beide löchlein wirfft / magst du an der Regel durch die zahlen sehen wie vil grad die erhoben ist.

Cap. IIII.

Von den beiden Schatten umbræ rectæ vnd versæ, auch wie die mit der höhe vnd weiten gegen einander proportionirt sein, vnd zu erten kommen.

Je Messkunst diese Instrumentis, scala altimetra genannt begreifft zwo seiten / die eine umbra recta, die mit C. B. / die ander aber umbra versa, die mit D. C. verzeichnet ist. Wan machet diese seiten mit den andern zweyen seiten A. D. vnd A. B. diese Instrument so dann scala das distantiam vnd tota scala das altitudinem, geschrieben stehet / ein jede wirung wie zween rechten winckel sein A. B. C. vnd A. D. C. auß represeniren oder bilden / also ist einer diese winckelhecken / nemlich die ein seiten der seiten vnd die ander seiten des Instruments eine höhe vnd die weite des dings so man abgesehen hat. Dann kommet seiten A. D. des Instruments perpendiculariter er so schnurrecht hinunter vnd hinein / so wird die Scala B. C. so pianem tigent her auß komandirt vnd verseichen wird / so A. B. dargegen horizontal so D. stehet B. C. oben die schiesse linea oder weite des Jsbars kommen / Wolches geschehe mit der Regel oder Faden / umbram rectam heisset.

Diser umbra in solcher seiten (sagt Apianus) der höhe schatten genennet werden / wann wann die Regel oder Faden auß den punct C so schatten fället ist der schatten seinder oben der seiten oder Thürn heisset.

Zum Exempel. Setz du für eine rechte linea M einige oder ein Jsbaren du absehen woltest als M, N, nur die nechstfolgende Figur erstlich geschrieben stehet D. L. Stünstest du in M,

C 4   vnd

und haͤncke das Inſtrument mit dem loͤchlein G, in der naͤgelin H, Richte auch nach der
perpendiculo, ſo von A, nach B, den innerwerts haͤncke das Inſtrumenti ſchrancke
es veſt an den ſtecken / mit der ſchrauben K, alſo daß die ſeiten des Inſtruments A, B, und
D, C, ſtracks ſtehen.

Sicut ſe habent partes E rectæ, oblique ad typû ſcale, ita ſe habet aliqua de-
bitali ad diſtantia quæſitã   Inuenimus aud Scale incedentis Sceptre,
diſtantia erit æqualis altitudinis baroli   Ita ſunt ſe habên integra
Scale ad partes E theſæ altiſofæ, ita ſe habet diſtantia ACB ad baroli altitu-
                          hanc ACB

Nachdem ſihe dein aug in A, und nach der Zeiger oder Regel ſo lauter ſoll du durch ſel-
be abſehen den punct oder grundt / davon du die weite wiſſen willſt. Als hie in dem abſehen nach O, faͤllt der Regel in Lombera recta, nun iſt mir ſihe der ſtecken M, A, gemeſſen
alſo weite M, O. Denn wie groß ſey ſihe A, B, der Inſtrument Hoͤhe alſo iſt auch
B, A, der ſey gleichen umbere recta, eys wie auff dem Inſtrument die weite ſeite I, B, ſo ſich
præparamenten ſich / gegen der ſchrauben ſihe / A, B, 12, alſo ſoll ſich der weite der Zeiger /
M, O, 4 præparamenten gegen die ſeite M, A,   Darumb ebenſo B, 2, 12, haͤlt theil wie B, A, alſo
iſt auch O, M, das halb theil von M, A,

Und ſind dieſe zween Triangel A, B, B, auff dem Inſtrument und A, O, M, im Feld
gleich. Wie außſehen 23 und 29 Propoſit. des erſten Buchs Elemen. Euclidis, und auff
des Chriſtoph. Clavii Coroltano Propoſit. 4 lib 6 Euclidis, es kan Geometrich zu
                                                                                              ſeſ ihr

sen begriffenen Triangel A, B, C, bewæiſen. Wie ſich (ſagt er) die ſite A, B, ꝛ hin gegen
der ſiten B, C, alſo verhælt ſich A, F, gegen F, E.

Welcher hie auch alſo angezeigt werden, daß wie ſich die weite A, F, hælt gegen der hőhe
F, E, ſo hælt ſich auch die weite A, C, gegen der hőhe C, B. Schlag dir die Figur.

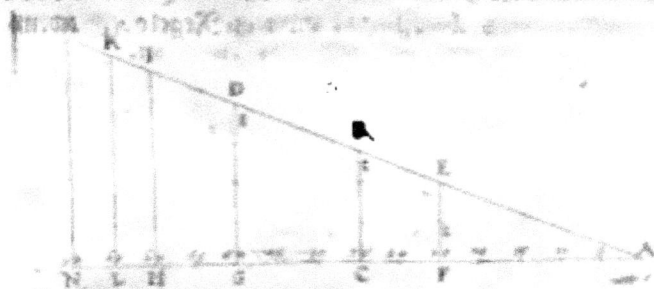

Solcher wirdt auch bewæhret worden von Chriſtoph. Clavio, und auß der Perſpe-
ctiva Vitellionis lib. 2. Theorema. 51. bewæhret werden und erwieſen.

Und es haben dieſe zwo rechte linien A, B, und A, C, ehe es blich gewieſen, und mit
unterſchiedlichen ſchatterirten linien hinwiderumb oberthails werden, ſo ſeind doch die
Triangel alle dreyaußgleich einem anderen propertioniert, wie zu erſehen. Darunder Triangel A, E, F. Item A, B, C. Item A, D, G. Item A, I, H. Item A, K, L, und A, M, N.
ſeind alle ein d. Und wie ſich E, F, der erſten F, A, ſo hælt ſich B, C, gegen C, A, D, G, gegen
G, A, I, H, gegen H, A, ꝛc. alle / wie die die linien einer Triangeln betragt / welches allzeit
auf dem Inſtrument geſehen werden, da alle die anderen linien darvon erſolten.

Triangel

Diſtanz in A, F, 5, gibt die hőhe F, E, . . . Ein Wær gibt ſolche Diſtanz A, G, 55 / ſucht die hőhe
C, B, 14, Spricht alſo in der Regel 25 ————— 10 ————— 55.

Item A, C, 5 r geben C B, 14, Wær geben A, G, 50 ꝛc. . . . . . . Oder alſo.

Die hőhe L, E, 10, gleiche diſtanz F, A, 25 / Was alſo die hőhe D, G, 20, ſucht diſtanz
G, A, 50.

Begert aber die Arael oder der Faden den punct umbher verſtzt, welches der dritte fert
ſchatten darzſt / ſo iſt der ſchatten oder die ſitten verwaltet biß da beſtett ſich auf die erſten geſtel-
len Ehlengerden an der flecken doch ꝛc, und ſehen alſo dann die ſite des Inſtrumenten A, D,
die recht oder diſtanz, und der nachher ſo die Arael in umbkeren verſtan, zwiſchen D, und C,
in L, berührt / die hőhe der flecken / wie auf dem Figur her geſtelt N, zeihen / alſo die weite
M, N, lengen iſt als die hőhe M, A, eben wie auf dem Inſtrument die ſite A, D, lenger iſt /
als die ſiten D, L, Dann die zwen Triangel A, D, L, der Inſtruments und N, M, A, ſein
gleich / auf den vorangezeigten Propoſit. Euclidis. Und hierauf ſoll der kunſtliebende
Leſer fleiſſig achtung geben / dann da er die proport der Triangel / auf dem Inſtrument wol
verſtehen wirde, er ſich in alle vorwæsen deſto beſſer zu ſein gewiſſen.

B iij   Cap.

Geometrisch
Cap. V.

Wie man die höhe eines Thurns/ Säulen/oder jeglichen dings/abmessen soll/wann die Regel oder Faden umher am reckam/den rechten schatten berürt.

W Enn nun die Höhe eines Thurns oder Seulen abmessen wilt / solt du das Instrument perpendiculariter zur Schnurrechte / u. s. werden geschet / auff seinen stock richten / und durch kurtze spitzlichblienen in seinem den begriff / so du wissen wolt / suchen. ...

Nun so man messen / namlich auff diesem Instrument / sey umbra recta geschehen den Schein / umbra recta das distantiam, ...

Wie man die gehöe so die Regel auff umbram rectam in E, feilen / proportioniert oder gleichmässig ist / gegen der gantzen scala A, H, so ist die veräng. G, E. proportioniert gegen der höhe der Seulen E, F.

Denn diese zwen Triangel H, A, B, müssen die Instrumentand F, E, G, im Feld sind gleich nicht in einer größsseverre in gleicher proporti. ...

So du nun den den gehöen G, bist an den grund der Seulen E, mißsit / und besihest so passus, kanst du wol machtens / ...

Das Exempel wirdt villeicht mehr verstand geben.

Die höhe des Instruments A, B, so die gantze Scalam oder leiter bedeutet ist abgetheilt in gleiche theil. Die Regel betrit B, C umbra recta, bedeut.

Wie nun A, B, C durchalle betheilt zum A, H, so also ist die weite G, E, das helle theil von der höhe E, F. ...

Ein anderer weg durch die Regel de Try.

Wie die so der Arithmetic oder Rechenkunst geschicken haben wissen das in der Regel de Try / drey sachen oder zahl / von nöten sind / ...

Welches allezeit so die Regel de umbram recta fält geschicht.

Jt aber die erste zahl distantia oder weite so soll der weite nach distantia sehn/ vnd die mitter zahl/ weise altitudinem geben/ welche zu ihm vnd also groß ist/ wann die Regel in umbram versam fällt. Dieweil dann den gesicht in Κumbram rectam auff ε (so distantiam stehet) erfolget/ vnd die ander scala, die mit A.H. vermeinet ist: gebeutet/ so die höhe bedeutet/ vnd der auch der distantz von G, so ist K, 30 (so du gemessen hast) bekannt ist. Solcher höhe die also also:

A, B,   die leeben zahl/ ist   ——— 6   distanz.
A, H,   die ander scala/ ist   ——— 12   altitudo.
G, K,   die gemessen distanz ist ——— 30   distanz.

Und setze es also in die Regel.

Distanz.	Altitud.	Distanz.
6	12	30

Multiplicir die letzte oder dritte zahl 30 / durch die mitter zahl 12 / so wirt 360 / solche Summ oder theil mit der ersten zahl 6 / so wegen der Quotient die höhe der Scalen K, F, 180.

Facit altitud. F, K, 180 passus.

Cap. VI.

Exempel / wann die Regel zu mitten der Leitter / auff 12. fällt.

Erdet aber die Regel / gerad die mitten der scala, zwischen recta vnd versa umbra, die zahl 12. so ist die höhe oder weite zwo denn gestochlicken die weite der Scalen ...

C, K, die

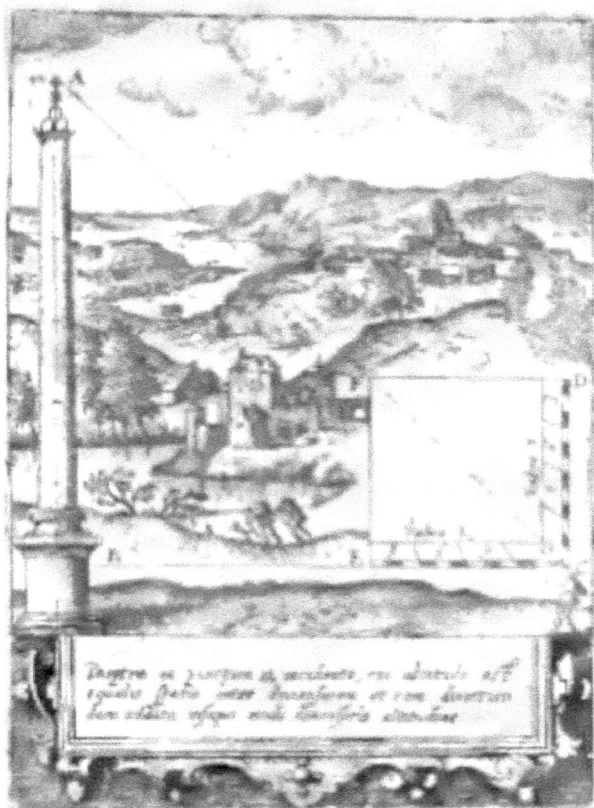

Daptro es pursum ex eandoste, en abstrde est equdio fractu fratio new deeandosere et rem durroen den relatio essque und Henricis attendbne

Cap. VII.

Exempel/wann die Regel umbram versam berürt.

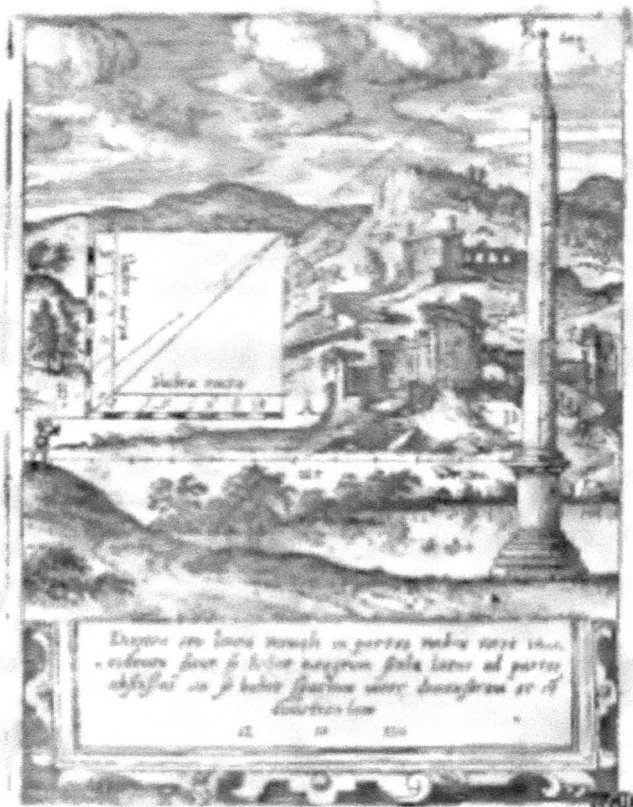

Silt aber die Regel in umbram versam / der verkehrten schattens / wie in der vorgehende figur aufweiset. Soll zu fertig werden / hat bey vmbra versa prescheiben stehet vmbra versa das abdividiren / das ist der verkehrten schatten gibt aber schaw die höhe / darzu der länge der gantzen heere / die mit C, F, gezeichnet (darvon scala der distantiam, gestrichen ist) die weite gibt.

Wie dann die eann seit der Instrument proportioniert ist gegen der zahl so die Regel deuter hat / also ist die gefundene distanz proportioniert gegen det höhe der längen so man abgeschen hat.

Vnd sind dese zween Triangel F, C, B, vnd G, D, E, gleich.

Dann wann das Instrument dermassen soll verschwenket werden / das C, in D. F, in G. vnd B, in F, soll imaginirt werden. Geschieht so das wie sich B, C, helt / gegen C, F, also tregt sich G, D, gegen D, E.

Setze dann solches also in beiner summ:

C, F,	die gantze scala,		12.	Höhen.
B, C,	die deelter zahl		10.	abzunehm.
G, D,	die gemessene distanz /		120.	Pfund.

Setze es als dann also in der Regel.

12 ———— 10 ———— 120.

Facit 100. passus, altitud. D. E.

Geometrisch

Cap. VIII.

Von dem Schatten der Sonnen
oder Monden.

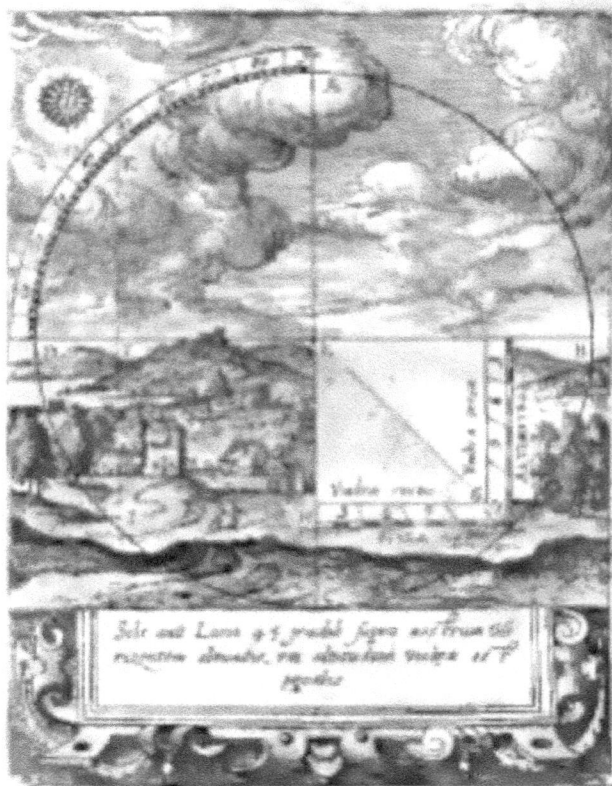

Solche

Olche proportion oder gleichschlabigkeit / wirdt auch auß dem schatten einer dings / so von der Sonnen oder Monden auff der Erden in einer ebene geschehen wirdt / gefunden vnd befunden. Darzu dann auff deinem Instrument die 90 grad Quarta abzurechnen verzeichnet seind.

Solches nun zu erfahren / sehe ins ebene / laß die Sonn oder den Mond / durch beide löchlein das absehen scheinen / vnd mercke welchesgegen die Regel beider Füß nun die Regel zu mitten in der Leiter auff so welcher auch gleichfalls zu mitten des 90 grad auff 45 zu treffen würde / so ist der Thurn oder das ding hoch / gleich so hoch / wie der schatten auff der ebenen Erden lang ist: Welches allzeit geschieht / da die Sonn 45 grad hoch über dem Erdreich erhaben stehet / als dann ist der schatten einer dings eben so lang / als das ding hoch ist.

So mässe dann mit deinem stecken vnd vier schuch (deren zu dein Instrument allzeit hencket) wie vil schuch oder fůß der schatten auff dem Erdreich / lang seye / so hast du die höhe des Thurms abgemessen. Sehe diese verzeichnete Figur / vnd gib achtung auff diß Exempel:

Die höhe des weissen würffels I, K, 24 schuch hoch / dieweil als dann die Sonn 45 grad über vnseren Horizont erhaben ist / vnd die Regel auff zu mitten der Leiter gefallen / überst sie den schatten in G. Miß nun erst die länge des schattens G, L, findest du nun diss 24 schuch auff der ebenen Erdreich lang so hoch du die höhere dinge I, K.

Dieweil diese zween Triangel H, E, G vnd I, K, G gleich ganz rectwinckel seind / vnd wie sich die seiten H, E verhalten H, G, so verhalt sich I, K, gegen I, G.

Nun ist die seite E, H, der seiten H, G, gleichwie so auch die höhe I, K, der weiten I, G, gleich.

C iij Cap.

Geometrisch

Cap. IX.

Exempel/wann die Sonn oder Mond
über die 45 grad erhaben ist.

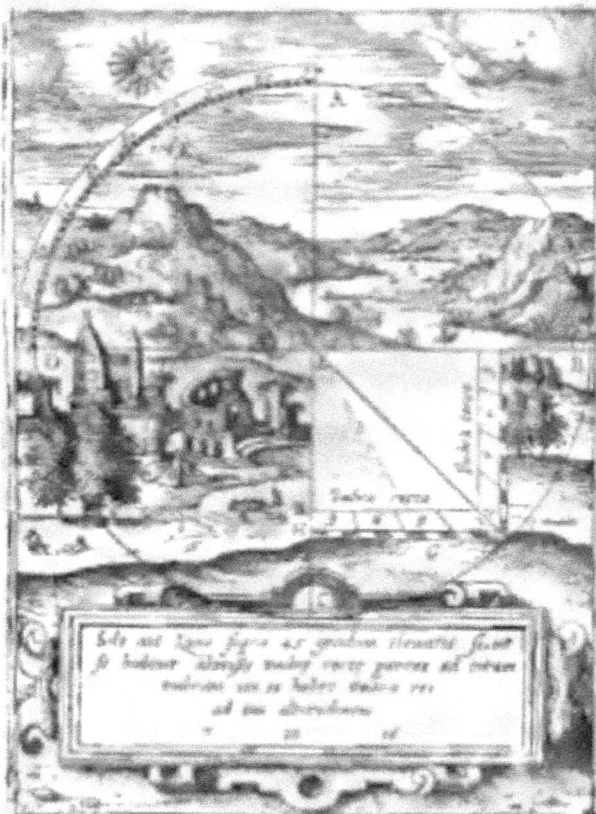

Ist aber

St aber die Sonne oder Mond höher als 45. grad (wie in diesem Exempel 60) so werde die Regel anders am gestaß, den rechten schatten verkeret und ist. Das Ziblim höher dann der schatten lengst/ dessen habt auch du darin also erfinden.

Nimmt auch welche zahl in der schwartzen Regel der ist:

Denn wie solche zahl proportionirt ist/ gegen der gantzen scala, also ist der gesuchte schatten proportionirt gegen der zifer/ so du erfahren wilt.

Exempel.

Die Regel hat 7 in umbra recta, sie in G, eingeschnitten wie dann die linie H,G,7. ein proportion hat/gegen der gantzen linien 12 die mit H,E, bedeutet ist/ hat der obgemessene schatten G,I, 16 ein proportion gegen der linie I,K Darumb ist unter Triangel E,H,G, und K,I,G, seind gleich/wie im 5. Satz der vornen gesetzet.

Setze es dann also:

G, H,	die höhere zahl ist	————	7.
H, E,	die gantze scala ist	————	12.
G, I,	der gemessene schatten ist	————	16.
7	———— 12 ————		16.

Facit 27½. Mach dir also I, K.

Geometrisch

Cap. X.

Exempel/wann die Sonn oder Mond vnter dem 45. grad erhaben ist.

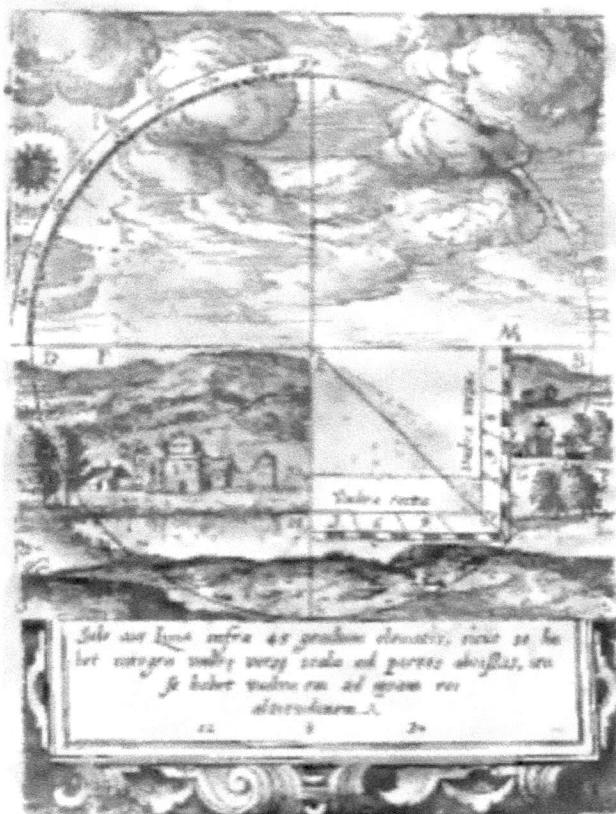

Sol: aut Luna infra 45 gradum elevatis, vieir se habet integra vmbra, vtraq; scala ad partes obiectas, seu se habet vmbra versa ad ipsam rei altitudinem. λ

St aber die Sonn oder Mond nidriger als 45 grad / über dem Erdreich erhaben / so würt die Regel umb zwen verfaren / den verkehrten schatten bedeuten. Das ist also kein verschinen länger als die höhe des Gebäud. Dessen
höhe kanstu magst du also erlernen : Sub-trahier welche zahl umb zwen verse die
Regel berürt hat / auch die länge des schattens. Denn wie die gantze Leiter proportioniert
ist / gegen der berürten zahl umb zwen verse, also ist der gemessne schatten, proportionirt gegen der höhe / so man zu wissen begert.

Exempel.

Die gantze Scala, die mit M, E, verzeichnet / ist abgetheilt in 12. so wie die weise bedeut /
vnd die Regel hat in G, umb zwen verse, also allhie die höhe stund der gemessen schatten L, I, befindet sich 30 passus. Wie sich nun die zahl M, E, 12. verhelt gegen der zahl O, M, 8
also verhelt sich auch der gemessen schatten I, I, 30 gegen der begerten höhe L K. Denn die
zween Triangel E, M, G, vnd L, I, K, sind einander gleich / wie zuvor Cap. 7 beweisen.

Setze es denn also :

M, E,	die gantze Scala, ist	——	12.	distant.
M, O,	die berürte zahl ist	——	8.	altitud.
L, I,	der gemessen schatten ist	——	30.	distant.
12	——	8		30.

Facit 20. die höhe L K.

Zu mehrerm verstand aber wie sich die 30 grad (damit man der Sonn vnd Mond höhe
auff vnserm Horizont erlernet) comprehendirn, oder allerlei messen mit den gradibus
Scalæ Altimetræ, der Wissenschaft, haben wir / auß dem Cosimo Bartoli, nobili viro
Florentino, die nachfolgende Tafel (den fürsichtigen deser Kunst liebhabern zu dienst) herzu
gesetzt.

Geometrisch

Tafel des einen vnd andern schattens Rectæ vnd Versæ, wie deren jeglicher theil mit jedem grad vnd minuten / Quartæ altitudinis, oder anzeigung der Sonnen vnd des Mons / sich mit einander vergleichen vnd überein kommen.

Die höh quarte altitudinis, der 90. gradus.		Theil der leiter / so die Kugel alle mal beiden.		Die höhe Quartæ altitud. &c.		Theil der leiter / so die Kugel abscheidet.	
Grad	Min.	Theil	Min.	Grad	Min.	Theil	Min.
1	12	0	15	27	35	6	15
2	25	0	30	28	29	6	30
3	38	0	45	29	24	6	45
4	50	1	0	30	18	7	0
6	0	1	15	31	9	7	15
7	12	1	30	32	0	7	30
8	25	1	45	33	51	7	45
9	31	2	0	33	45	8	0
10	42	2	15	34	30	8	15
11	53	2	30	35	18	8	30
13	0	2	45	36	6	8	45
14	8	3	0	36	54	9	0
15	14	3	15	37	37	9	15
16	19	3	30	38	56	9	30
17	23	3	45	39	5	9	45
18	26	4	0	39	45	10	0
19	28	4	15	40	30	10	15
20	30	4	30	41	10	10	30
21	32	4	45	41	51	10	45
22	34	5	0	42	53	11	0
23	33	5	15	43	8	11	15
24	33	5	30	43	47	11	30
25	33	5	45	46	24	11	45
26	33	6	0	45	0	12	0

Und ob der Kunstliebende Leser dise Tafel mit der that probi-
ren wolte / haben wir sie das Instrument abermals sagen lassen noch soll die Regel beweglich
gemacht werden / daß man sie von einem zum andern verschieben kan.

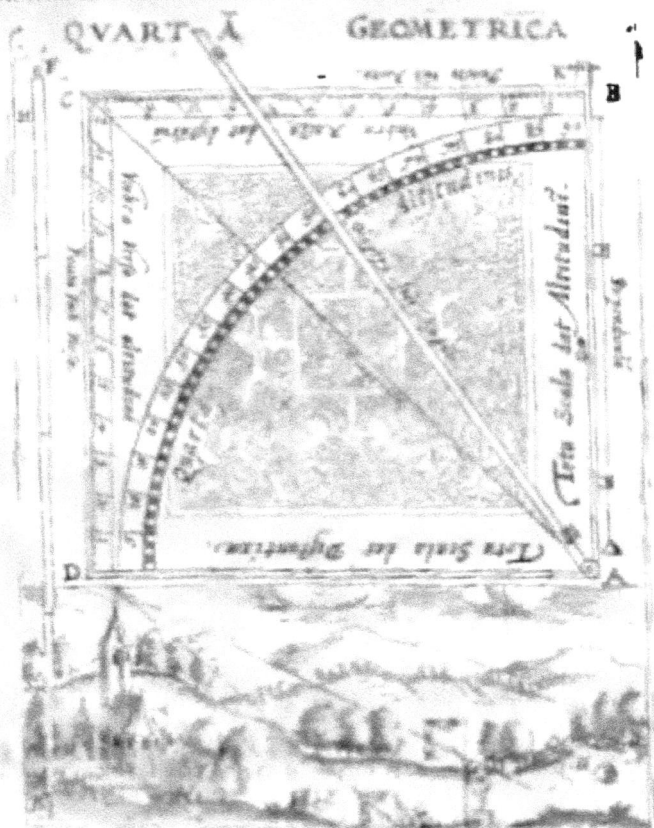

QVART-A   GEOMETRICA

Wie man die höhe eines Churns/ Säulen/
oder Baums/ auß dem Sonnenschatten/ ohne
Instrument/ abmessen soll.

Sicut se habet umbra baculi ad suá baculu, ita se habet umbra turris ad suá turrim.

DiEs Thurn Orthogonaliter, auff seinem Horizont/ so man gern abmessen wolte/ A, B, der wirfft seinen vertical Sonnen schatten in ein
chen Feld/ biß in C. Diese schatten läng miß/ und ist setzt/ in einen/ 7 5.
schuch/ das oder schatten von C biß auf A, lang. Als dann nimme einen rechten stecken/ dessen höhe dir zuvor bekannt/ als von 8 10. etcetera. Stock hoch mehr oder wenig
er/ nach deinem gefallen/ als hie mit E, Dies gesetzt sie 5 schuch hoch ist den stock perpen-
dicula-

dinulacieter oder schnurrechteinen schuch auff an die Sternmaß/daß er nach ⅓ schuch ausser
der Erden Hersich herauß gehe/Auß alß dann seinen schatten/so die Sonne beÿ in F, wirstu
aisnich schemcten sinbeß 12 schuchschlache paßt sehole.

Nun solst du wissen/daß dise zwen Triangel D, F, E, und A, B, C, gleich seind/Wie in
der kunstreichen Perspectiva Vitellionis, Lib. 1 Theorema. 19 & Lib. 2 Theorem. 51.
weiset. Und wie sich der schatten D, F, befindt gegen der höhe D, E, gleicher gestalt ist der
schatten C, A, proportionirt gegen der höhe A, B. Wie im 4. Buch Theor. 4. und
2. Buch 9. Theo. Vitellionis zu sehen.

Nun sege also:

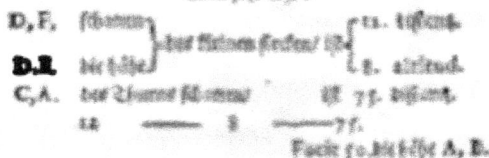

D, F,	schatten				12. lichtens.
D, E.	die höhe	der kleinen seiten/ ist		8. altitud.
C, A.	der Thurns schatten			ist 75. distant.

$$12 \qquad 8 \qquad 75$$

Facit 50. die höhe A, B.

Cap. XII.

Wie man die höhe eines Thurns oder Säulen
abmessen soll/ wenn man zu dem grund/ vor Grä-
ben/ Wasser oder Gebäu nicht gehen kan.

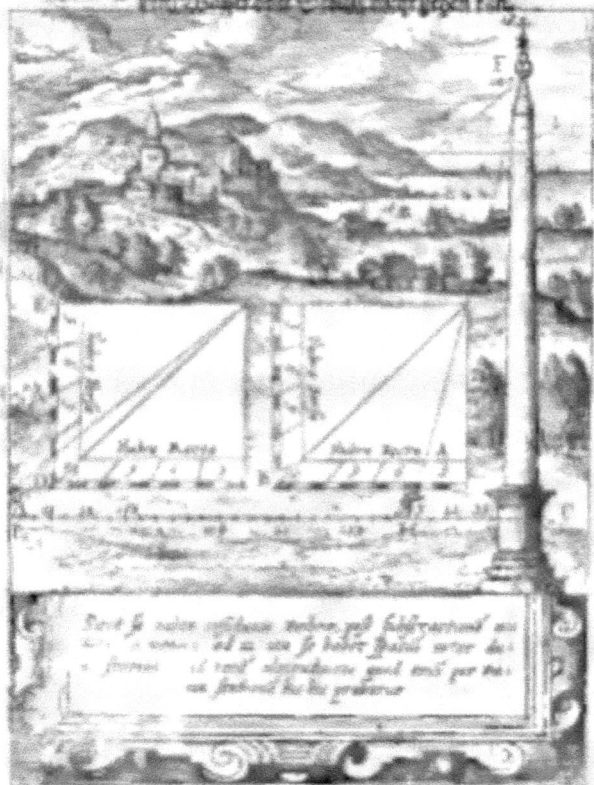

Aber der Thurn oder Säulen/ so du abmessen wilst / in einer Statt oder Schloß sichertlich das ein Graben zwischen dir vnnd der Säulen were / also daß du den grund nicht messen könnest / Soltu von abnemmen/ wie... dich stand ichst vnd nemen die jeni erste die höhe abmessen / vnd Sichst wie es die Regel bestimmt... neben halt/ so muß du gar zu Vnterricht oder Sich/... nach auff ein seite/ Vnd abermal die höhe abnemen nach... bei... wo... die Regel der... als dann muß wie das... oder... erste stand / an dem andern ist/ so... du dann auff bisen observationibus/ muß du... beschreiben.

Drit wie das Absehen der Schatten/ nach dem das Aengelein dem... gegen... sich gegen der gantzen scala... halt/ so halt sich die... zwischen... Stunden/ gegen der höhe des Rings/ welches dir durch einen... wirdt. Thu es dann/ wie dich diß Exempel lehret.

Ich setze die höhe so du begerst zu wissen/ sey die Säulen G.F. so ist der erste stand deines absehens in... stelt die Regel auff 3 vmbeure rectigos A. hernach gehe zu... in... dem stand I. vnd sihe abermal die höhe F. obda... die Regel 20. vmbeur versa in D. Multiplicir als dann die gantze latus 12. durch sich selbst / kompt 144. Numerus quadratus scale, selche zahl... oder theil durch 20. so die Regel bestet hat in vmbra versa, so kompt der Quotient 14$... das... ist... anders dann... von... 20. vmbra verse das... schaten in 14$... von... der rechten Quotient... hat. Als dann von... 14$... subtrahir die erste... gehet vmbeur recta 3. bleibt 11$... von... von einem... stand der abschatung oder abschätzung zu dem andern / als die von H, biß I, vnd finde daß du 23 3. schuch:

So seur es also in die Regel.

$$11\tfrac{1}{2} \quad\longrightarrow\quad 11\quad\quad 133.$$

Facit 140. Schuch / ist die höhe G, F,

Hat die Regel auff sieben... in vmbra versa... (wie geu sollt)so solte die gantze scalam 12. durch die zahl/ so die Regel im ersten vnd... an ein absehen... hat/vnd gehe den höhern Quotien von dem... das übrig wirt... den Thailer selb. Als dann muß von... ersten stand der abschätzung zu dem andern /solche gesundene zahl theile mit dem... einem Thailer so halt du die höhe.

Hat aber die Regel in beiden Ständen auff vmbeure rectam (welches doch selten geschicht) so subtrahir die... der Regel beider zahl/von der erösern das übrig wirt dein Thailer selb. Als dann muß von einem stand zum andern / solche zahl... wie... der... halt... durch... zahl das... theil... mit dem... einem Thail/ der Quatientische die höhe höhe sein

In disen letzten zweyen Ständen/ haben wir kein Figur noch Exempel beygesetzt darum daß sie zum nachfolgende Figuren vnd Exempel disem zu gleich sind.

Cap. XIII.

Geometrisch

Cap. XIII.

Ein ander weise/wie du die höhe eines dings
abmessen solist/wenn du zu dem grund nicht
gehen magst.

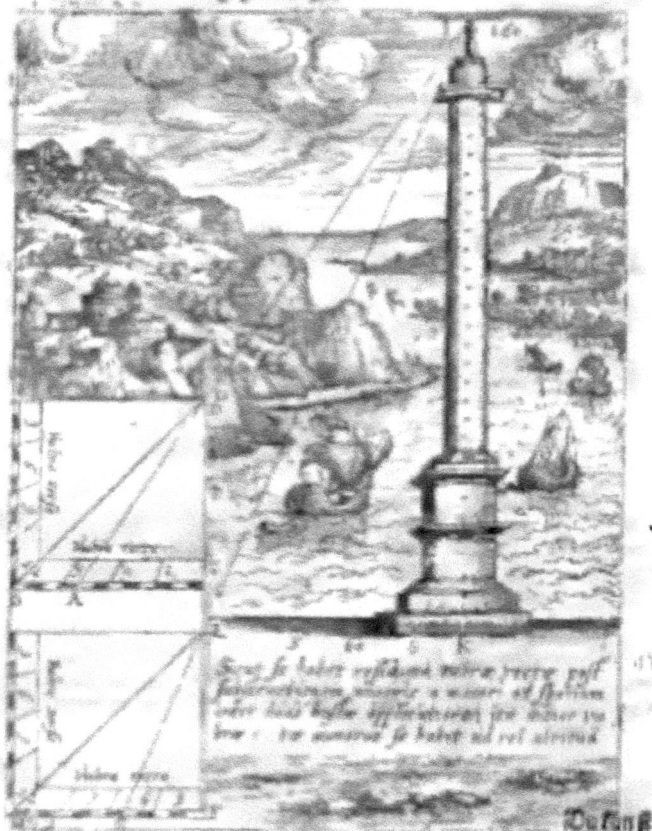

Sicut se habet refractum radius rectæ post
fractorationem incurva a minori ad spatium
vel ad recti distortione quam ad minor cu
bra : cæ numerus se habet ad rei altitud

Außanß

DV kanst auff ein ander weise / ohn hindersich oder fürbaß gehen / die
höhe eines Thurns alein auszrechnen / so ein langen Spieszbaum 10 oder 12.schuch
hoch schaw einer in die Erden stecke / hie mit D.F. hie unten (welcher alsbo gar/
auff der massen / so es ist / und dabei in weiser Exempel nach dem Kupffer
stehen müssen) so durch als dann dem Instrument / steckstu unten an den Spieß / hie mit
E.F. bezeichnet / und stelle die Regel in disem ersten stehen auff 5. umb ein rechte / Se ziehe
alsbald dein Instrument in die höhe hie mit C.D. bezeichnet für die Regel auff 2. Als kann
stehe desselben scheinme kannst zehl 5. von der gesehen 8. hie hieruber übrig 3. solche stehet
im Sinn.   Darnach miß das spatium oder weiten auff dem Boden zwischen beiden Instrumenten von E.bis D klein sei du zu messen / als wie der übrschleu benden zehl umb drey recht /
nach der subtrahirung der klainern von der grössern zehl / proportionirt itzt gegen dem spatio
beider Instrument E. D. / also ist die grösser benden zehl / umb den rechte / proportionirt / gegen der höhe des Dings.

        Das Exempel wirdt die dischliche machen verstand gehen.

        Das erste   }   { 5.
                     } geschicht in beiden   {
        Das ander   }   { 8.

        Zuch die kleinern zehl 5.von der grössern 8.ist 3.

        Es ist die rechstucke erst Benen   ———— 5.
        Der spacien zwischen E.D. ist ———— 60.
        Und der grösser zehl umb den rechte / ist ———— 8.

                 So es also in die Regel.
        5.   60   ———— 8.
              Facit 160 die höhe E.D.

Cap. XIIII.

Ein gleichförmig Exempel/ wann die Regel auff beiden absehen/ umbram rectam berürt.

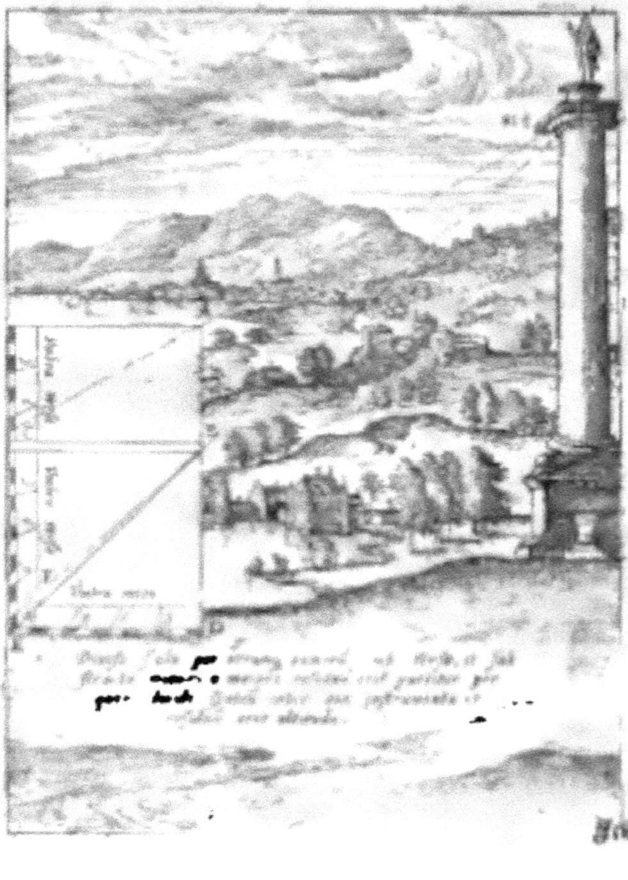

Item

Wilt aber die Regel durch beide absehen auff andere art versuchen, wie die vorstehende Figur außweißt / Solt du wissen / nach dem du die gantze scalam 12. durch beide berürte punct umbher verzeichnet / und den kleinern Quotienten von dem grössern gezogen / auch mit dem übrigen / das spatium zwischen beiden Instrumenten getheilt hast / daß der Quotient die gesuchte höhe geben müsse.

Also bewerte dich diß Exempel lehren:

Das erste gesicht in B, berürt die Regel 11. damit dividir die scalam 12. so ist der Quotient $1\frac{1}{11}$

Das ander gesicht in A, berürt 7. damit theile auch scalam 12. kompt der Quotient $1\frac{5}{7}$. Nun subtrahir die kleinste zahl $1\frac{1}{11}$ von $1\frac{5}{7}$ bleibt der Theiler $\frac{48}{77}$.

Als dann mit das spatium zwischen beiden Instrumenten B, A, kompt $51\frac{3}{7}$ schuch / solche zahl theil mit dem Theiler $\frac{48}{77}$ so hast du die höhe der Säulen G, H, $82\frac{1}{2}$ schuch.

Zu mehrerm verstand haben wir die operation hieher gesetzt.

B., A. berürt $\left\{\begin{matrix}11\\7\end{matrix}\right.$ $\frac{12}{11} = 1\frac{1}{11}$, $\frac{12}{7} = 1\frac{5}{7}$; $\frac{12}{11} \times \frac{12}{7}$ subtrahir $\frac{7}{77}$ von $\frac{55}{77}$ ist Theiler $\frac{48}{77}$

Das spacium B, A, ist $51\frac{3}{7}$ — $\frac{360}{7} \times \frac{48}{77}$ — 336

$360 \times 77 = 27720$ Partitor 336

$27720 : 336 = 82\frac{168}{336} = 82\frac{1}{2}$

So ist die höhe G, H, $82\frac{1}{2}$ Schuch.

Cap. XV.

Wie man die höhe eines Thurns/ so auff einem Berge stehet/messen soll.

Durch dise Scale per vtrumq; numero in q terra absciffa, et sub precede numeri quaternary a mediq;, residuû erit partitor per vnitatem ipsius duorû punctorum quælibet expresfione excludendo debit: quod sit hic sors ordo.

Jlt du aber ein Thurn / Schalen oder Gebäu abmessen/ so auff einem Berg stehet/wie dise Figur anzeiget/So mefs erstlich die höhe des Bergs A,B, durch zween stände/ wie vormals im 12 Capitel gelehret: Als dann mefs die höhe des Thurns C, auch durch zween stände/ vnd subtrahir die letzt gefundene höhe / von der ersten / so hast du die höhe des Thurns B, C Und auff K aber mit drey ständen in allem/ dann der mittler stand E, kan dir zu dem andern vnd letzten dienen. Zum überfluß aber haben wir dis Exempel hiezu gesetzt.

Das erste gesicht / so du die höhe des Bergs RabtWolt/ stöst in D, vnd stellet die Regel 5. vmb den vierte/ vnd die ander gesicht des Stands E, stellet 4. daselbigen schneiden.

Die höhe

Dividir dann die gantze leiten 12. durch die besdiben paßt 3. kompt —— 15.

Theil auch 12 durch 6. kompt —— 2.

Nun subtrahir die kleiner zahl 25 von der größten 2. bleibe dein Theiler 3.

Als dann miß das spacium zwischen D, vnd E, so satzst du noch schreibe die scala mit 3 sehaffst du die höhe A, B, des Bergs a. paßus oder schritt.

Da das also verricht, laß dein Instrument vnverruckt / vnd erwehe die Regel / biß du durch die schliehits seines des Thurms C, sihest so seche die Regel 104 anders verse, gib darnach zu ruck biß stand F, vnd sihe abermal die spicen des Thurns C. so seche die Regel 7 anders verse.

Dividir dann 12 durch 104. kompt —— 15.

Item/12 durch 7. kompt —— 2.

Als dann subtrahir 25 von 15 bleibet der Theiler 3. Durch theil das spacium oder weite E, F, 16 schritt So kompt darnach die höhe des Bergs vnd Thurns A, C. 28 schritt.

Davon subtrahir die höhe des Bergen 2. so tein / biß die höhe des Thurns B, C, 12. schritt.

Vnd diß ist eben das Exempel so in der Tafel Radicalis demonstrationis, Cap 24 mit gleichen Buchstaben die höhe mit A, B, desgleichen aber mit D, E, F, gezeichnet seind / welche wir eben dem Kunstliebenden leser zu gefallen kompt gesetzt haben / allein daß die scala daselbst in 60. daselbst aber in 12. getheilt ist So denn der stand D, also 45 anders verse das ist auff diser scala 9 welche eins kurtz / denn stand F, seine also zu 12 anders umberg versi, so breiter er hie 2 welches auch die halbe scala ist Solches kanst du auch der Regel lernen : Denn da die Regel 7 den Intenstungen punct 12 anders versi berum hat / da die scala in 60 getheilt / Vnd da du gern wissen woltest wo es wann die Regel dwären möchte wann die scala lain 12. getheilt wer / also hie im stand D, ist es gefallen auff 45 also wann ist die scala in 60. getheilt:

Gesetzt es also in die Regel.

60 —— 45 —— 12.

facit 9 daß die Regel in der scala, so in 12 getheilt ist/ deuter hot.

Vnd also kanst du also 9 punct der scala 60 mit dem punct der scala 12. vergleichen.

C iij   Cap

Cap. XVI.

Wie man die höhe einer statua oder bilds/ so oben
auff der spitzen eines Thurns stehet/ oder die höhe
eins fensters/ abmessen soll.

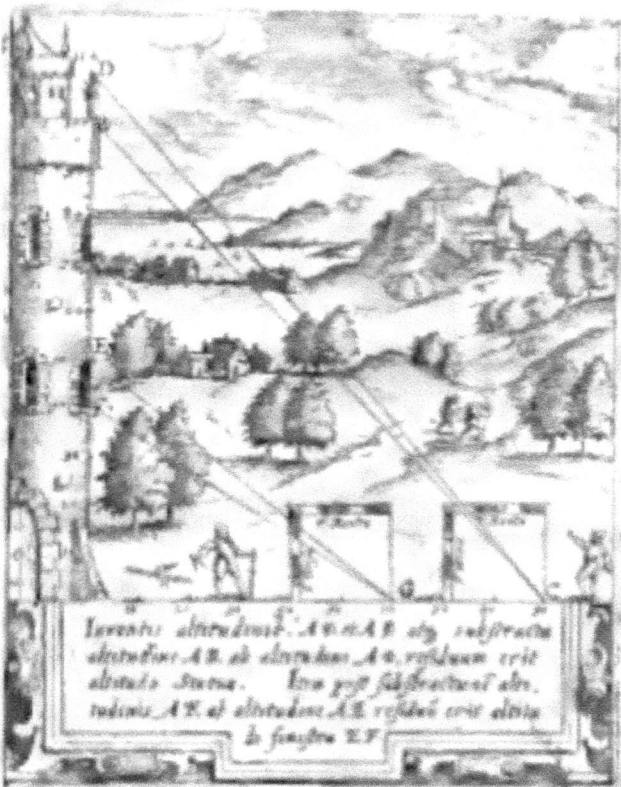

Inventa altitudine AG et AB atq; subtracta altitudine AB ab altitudine AG, residuum erit altitudo Statuæ. Item post subtractionem altitudinis AV ab altitudine AB residuú erit altitudo fenestræ EF

Je höhe der Statua oder bilde sey/ B. D. so richt dein Instrument in C,
und sihe erstlich die höhe der Thurn B. so stelle die Regel auff roß umb recht,
darnach miß distantiam C. A. so 30. ist/ vnd setze also in die Regel wie vornen Cap. gelehrt.

105 ——— 12. ——— 30.   Facit 100 die höhe A.B.

Als dann in demselben stand nach der Regel erforscht/ ist der die figur D. höest/ so be-
rechne sie 75/ punct umbra recta/ und die distanz C. A. (wie vornen) ist 30 Sey es also:

75 ——— 12. ——— 30.   Facit die höhe A. D. 110.

Man sihe nach die vorige gefundene höhe A. B. 100. von der gantzen höhe A. D. 110 so
bleibt die höhe des achel B. D. 10 schuch hoch.

Wilt du aber die höhe des fenster E. F. abmessen/ so richte dein Instrument wo
du willst/ die die in G. und sihe die höhe F. so stelle die Regel auff umbram erlos. Wiß auch
die distanz G. A. so 60. schuch seind/ und setze es also   wie vor nen in 7 Capit gelehrt.

12 ——— 8 ——— 60.   Facit 40 die höhe A.F.

Als dann sihe vom selben stand G, die höhe des fenster E, so berhr die Regel 10. umbra verso, nun ist die distanz G. A. (wie vorn) 60 schuch

Setze es dann also in die Regel.

12 ——— 10 ——— 60.   Facit 50 die höhe A.E .

Unter subtrahir die vorige gefundene höhe A.F. 40 schuch von der höhe A. E. so höch/
so bleibet die höhe F. E. des fensters 10. schuch.

Cap. X V I I.

Wie man die weite eines dings/von einem Thurn
oder Stattmauren/in einem ebenen Feld gelegen/wann
der Messer in dem Thurn gemessen seil.

Zß messen von oben herunter----ist/ geschicht nicht anderst/als wie vor-
mertin 5. 6. und 7 Capt von einem blaenSteurn ze messen/ gelehrt worden.
Dann da der höhe des Thurn vorshon bekandt etwan/ und do sonstig achtung
gibt etwas umbrum, und welche jetzt umbra, die Regel berur/ wirst das als die
weite vom Thurn gant erwesfahren. Deßhalben wir nun diß Exempla hierzu gesetzt haben.

Exempel in umbram rectam.

A. B,	die gange scala, ist	———	12.	altitud.
B. C,	der lenint/ mit umbra recta, ist	———	8.	distanz
E. A,	die höhe des Thurns	of———	30.	altitud.
	Setz es dann also in die Regel			
12	———	6	———	30.	Facit 40/ die weite E. G.

Exempel

Exempel in mitten der Leitter.

Die seiten der Instrument A,B, vnd B,C, sind gleich, also ist die weite H, F, der höhe E, F, auch gleich. Weil ist die höhe E,F, 30 schuch, so weit ist auch vom Thurn E, zum gesicht H.

Exempel in umbram versam.

K,D,	der seiler punct umbra versa ist	——	5 1/2	altitudo.
A,D,	die ganze scala,	ist	——	12.	distanz.
E,F,	die höhe der Thurns	ist	——	30	altitud.

       Sage es dann also:

5 1/2 —— 12 —— 30

Facit 110 schuch ist dein E, L.

Cap. XVIII.

Wie man die distantz, oder weite von einem Thurn zu dem andern, so nicht in ebenem Feld stehen, messen soll, wann der messer in dem einen Thurn stehet.

Sicut se habet integra Scala ad partes illarum abscissas, ita se habet spacium quæsitum ad distantiam inter duo puncta explorandam.

Jst du aber messen, wie weit ein Thurn von dem andern stehe, und du auff dem einen, so höher oder nidriger als der ander ist, bist, Thue jhm also: Schau zu einem fenster herauß wie hie in G, so am obern nidrigsten am Thurn stehet, also nider dann die Quarta oder Instrument schnurrecht weise biß A, D, perpendiculariter hinunder, eben neben der Maur hencke, Als dann schreibe die Regel, biß sie eben in seinem grad bleibe, wie hie A, B, also das A, D, von A, B, einen rechten winckel machen, und merck durch die Gesicht einig zeichen eben gerad an dem andern Thurn, so gut zu erkennen ist, als hie in E.

J   Darnach

Darnach steig ich der höh auff in den Thurn ꝛc. Wie zu einem andern fenster F hinauß/ doch auß der zwey fenster groß/ einer seiten sehen sehen in sonderheit ꝛc. und richte also dein Instrument in den ersten sichtigen strich sehen einer durch wincklein auff den centrischen punct zum größten ort dem andern Thurn in E, da du zum ersten auch die gleichen helff ꝛc. ꝛc. astronomeitischen punct anschaw wie sie die Regel lehret/ꝛc. die auff disen fenstern sollen ꝛc. fein wie ꝛc. magst die höhen erwen oder horizontal sehen. Ich steck die Regel baß 3. ꝛc. dem wörd verse werden/ꝛc. darnach muß ꝛc. so vil ist/ aber die weite einer fenstern zu dem ꝛc. (versteht von dem puncktlichen da rein augenmaß in den zweyen almeß sein gehabt hast) als für den G. in F, und sey das 15 paſſus.

Setz es denn also in die Regel.

$$8 \quad \underline{\qquad} \quad 12 \quad \underline{\qquad} \quad 15.$$

Facit 6⅔ paſſus die weite G, E.

Diese Regel kunst dir zu vil dingen brauchen/ darinnen du wissen willt/ wie weit ein Wasser oder Graben sey/ wie weit ein Schiff von dem andern auff seinen anckt/ oder ein Berg von der Staat/ gelegen sey/ welches du in Bild sommethun zu wissen/ wie sehr von nöten ist. Dann sie erst durch diese Kunst erhoben müssen/ wie weit oder zwischen ihm sie je Böschen gern ziehen wollen/ von der Staatmauren oder Thurn sey. Wie denn sehen sie ihr stück darnach richten/ und höheres wissen/ es ist so weit mögen sein kan oder nicht.

Dessen allen die nachfolgende zwey Capitel die mehreren bericht geben werden.

Cap. XIX.

Wie man die weite eines Fluß/ Graben oder Weyer: abmessen soll.

Richte dein Instrument in E, auff seinen stecken/ dessen höhe dir bekannt/ an dem jenste dein Instrument neben das Wasser/ darnach merke durch deine Absehung zischen eben vertheil auff der andern seiten des Wassers als die in A, und gibe gern absehung/welchen punct augleren verse (denn sie allein in disen umbkreis fallen mag) die Regel berüre. Dann wie der weitere punct aber zahl/ proportionirter ist gegen der genauen kennen/ also ist dein stucken dem Wasser an berauß daß zu einem augenproportionen gegen der weiten des Weyers

Dann die zween Triangel B, C, E, und F, E, A, sind gleich wie du im 4, 5, und 6, Capitel weitläuffig gehört.

Exempel

C, B, fo viel fieget dorder hat qt —— f altitude.
C, F, die gante linia, qt —— ta. distant.
F, F, die clheckes distant qt —— k. altired.

Fecit 14 J. verreht E, A.

Geometrisch

Cap. XX.

Ein ander weise/einen Fluß/Weyer/Graben/
oder jede distantz abzumessen.

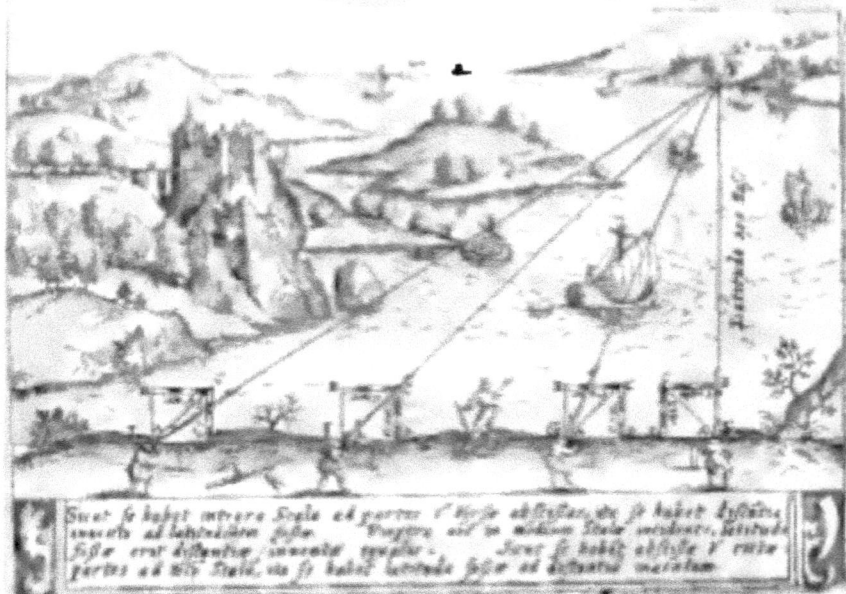

*Sint se habet intra re Scale ad partes l'Hose abscissas, ita se habet distantia
inuersae ad latitudinem sitae.   Progreß, ast in medium Scale incidunt, latitudo
sitae erat distantiae/inuersae queqlis.   Sint se habet abscissae l'euta
partes ad vts Scale, ita se habet latitudo sitae ad distantiae insciolam.*

Jchr erstlich dein Instrument nach der flechtlauff seinen stecken/wie
ich figur anbeschet in O. essse/jezt die seite A.D, neben dem Wasser/ vnnd
die seite A.B. nach dem geben/so du auff der andern seiten brauchen wilt/in
rechtem winckelhaken sihe. Welcher jie der asse zu thun ist

Ruck die Regel auff A.B, daß se sein gezi sneherwus stehen. Vnno F. als denn sue
vermelt der Jnstrumentsnach jij Regel auff A.D, alsdann sie darnal kein zahl verirret
als bann stock vngestein in G, eine sechmur in durch diese absehen auch sehen könnest /
so ist das Jnstrument zun seinen erden gerichtig gerille. Wende dich als denn zum stei-
den G. darauff richten dein Jnstrument mit rechten Ou seit als jene dem von stand E, schett
einen

einen stecken dahin stecken lassen.) Nach die Regel auff D, A, daß sie kein zihl berüre, und sehe den stecken E, so der halb stecken lassen, daran dein Instrument ist, denn im rechten winckel, wie es zu treu in E, weiter ist. Wie thu auch in allen stücken, wie hie in I, und in L.
Darnach ruck die Regel so lang, biß dadurch beschließen den Baum L, abermal schrifft,
und nimme ich zuwar punct die Regel zu einem rechten theilen.

Dann so alsen auff dem andern fallen muß sie der Fluß E, F, weiter ist, als das
spatium oder weite L, G. Oder uberstit dieweiten neben dem Fluß, wie dann in ersten, zum andern stand, länger als der Fluß breit ist, so muß er das wandern recktam seilen, wie sie in
stand L. Und ist dise messung nicht underschid, verweis im 4, 5 und 6. Capitel, wie man die
schrifft, und im 15. Cap. wie man die weiten messen soll, gelehret ist.

Allein das dein Instrument gleich auff dem stecken eben ligen muß, wie es dem vor-
gemelten Capit. gelehret ist. Die achtung auff das Exempel, im stand G.

H, E,	so die Regel inn半 hat, ist	45.	distanz.
A, E,	die gantze scala	ist	12.	latitud.
G, E,	die gemessen distanz, ist	40.	distanz.

So es also:

45	12	40.	facit 100 schuch, die breite E, F.

Wie du es aber bald zehn alweißen vertikom, so arbe von E, angesehn so weit nach G,
zu rech, als du meinest das der Fluß E, F, breit sey, so ist sie in L. Wenn dann die Regel gerad zu mitten in die blätter stät, so du alsda die weite i, E, misseschrifft so auch die breite k, F,
des Fluß. Wie dise vorgesetzt Figur aussweist.

Exempel im andern stand L.

A, D,	die gantze scala,	ist	12.	distanz.
D, M,	so die Regel indert,	ist	6.	latitude.
L, E,	die gemessene distanz,	ist	150.	distanz.

12	6	150.

Facit 100 schuch, die breite E, F.

Cap. XXI.
Wie man die tieffe der Brunnen ab-
messen soll.

SO du die tieffe eines Brunnens, mit diser Quarta messen wilt, so du
zum ersten die weit des Brunnenloch mercken. Ich saget sey weit 4. schuch.
Mit dem leg das Instrument also auff den Brunnen, daß die seiten A, V, hinunter und hinunder gegen den Brunnenmaur stende, und rufe die Regel
biß du das o beider Linien das Wasser E, so es reinst, sonsten sehrst, wie zu zihl hin den
recht, darzu es allezeit fallen muß selbe der das. Dann merck die verkert zahl, wer es
denn ist, so zehn der ganzen scala, also ist die weiten des Brunnenloch proportionirt gegen
der tieffe des Brunnens.

Endlich gehört auch ein stefften von vier Schuh lang darzu / die mit I. M. verzeichnet / so eben ein stein meſſen / nahrlein hat / hiemit N. gemerckt / welches darzu dienet / daß man das Jnstrument / so man eimer hat die höhe oder weiten abſehen wil / mit dem ſcheublein G. daran henckt. Auch hat diſer stefften unten am oberen seiten / daran er perpendiculariter oder ſchnurrechts in die Erden mag geſteckt werden. Es ist auch ein beſonder ſteynkügelein darbey / ſo durch den stefften in E. gehet / mit deſſen ſchnürlein / an dem ſchwartz R. angericht iſt / ... da das Jnstrument zu meſſen aufgeſtecket wirdt / daßelbig hinauf oder niderwertz zu laſſen / nach dem die ſpitze ſo man abſehen wil / geſtelt iſt. Alſo / daß das Jnstrument auf ſeinem stecken stehen muß / ohne einige anckung der händ daran zu legen / es wäre dann ſach / daß man höher oder weniger zielen wolte / da es auch wol mancher hin zu richten stehet ſol bleiben / wie hierauſ ... gelernt / denn eben diß wol richtſchnürrlichen etwas gewiſſes abzumercken iſt. Darauf der kunſtliebende leſer gute achtung geben ſol / nicht daß in dem Jnstrument oder Kunſt / einiger fehler der mangel ſey / ſondern der ſol kommen darauſ / daß man ſolches nicht ſo steiff oder juſt in der hand halten kan / ob es verrucht ſich bald / dann iſt dann der fehler kompt / alſo daß ein groſſer unterſchied zwiſchen der Theoria und Praxis iſt / welches ich auch in der that alſo ... ein greiff wolgeerfahren habe.

Weiters ſehet auf diſem Jnstrument die ſcala altimetra, das iſt / die Maßſtäbe / mit ihren zweyen ſchatten / umbher alſo de werſt / nicht anderſt als wie ſie auf dem vorne beſchriebenen Quadranten begriffen iſt. Denn gleich aber alle oder dren zweyen ſchatten (ein jeglicher ding beſte genaner zu erfahren) in der that ... und iſt bey jeden ſchatten geſchrieben / wie bey dem vorbeſchriebenen Jnstrument / von deren ſcala das distantiam und ... ſen allen ... zu verrichtung ... werden iſt.

Mehr ſind die 360 grad Quarta alimedialis, wie auf dem vorigen Jnstrument zu beſchreiben gebrauch verzeichnet.

Aber das ſind die 12 Monat mit den 12 zeichen Zodiaci, auf diſem Jnstrument obſervat / dieſes zu allem guten darzu ... man den Jahren auf den tag / ſo man zu ſuchen begert / ziehe / darauſ zu erfahren / in welchem zeichen / und in welchem grad der zeichen die Sonn ſey.

Endlich dienen die letzte drey überflüſſige zahl Nürnberger / welcher es mit zu ... ... ſeltſam zu erfahren iſt. Wann der faden auf den tag ſo man begert gezogen / zeiget er auch zugleich die zahl abſchneiden / wie lang der tag und die zeit iſt.

Dieweil man diß Jnstrument mehr anderſt gelernet werden / als der vorbeſchriebene Quarta, willen wir die weiter davon zu ſchreiben nachlaſſen. Wie er aber auf ſeinen stecken zu richten ſey / wie wir den geſtalt / auf die Erden ſtärcke geſetzt wirdt / kan man auſ der vorigen Figur angezeichnet gnugſam ſehen.

Cap. XXIII.

Beschreibung der andern seiten di-
ses Instruments.

Diß der andern seiten hat diß Instrument ein Bussole oder Magnet Compaß (darzu gehört der Deckel mit dem Buchstaben D, verzeichnet) auff welchen die 32 wind rosen jeder in 4 Minuten abgetheilet ubersehen sein. Die nen die distantias oder weiten von Büschen Bäumen oder Erden abzumessen. Und solches zu brauchen, legget man das Loch mit dem Buchstaben G, auff den stecken von 4 schuch in das nehesten H, also das der Magnet frey umbschwebe.

Mehr ist hie an der seiten ein Lineal abgetheilt in zwen schuch, jeder schuch in 2 finger, je- der finder figuren 4 Gestalt/ wie so man brauche/ wenn man etwas abgestlen hat/ vnd solches auff das Papier/ nach der verlegung der kleinen schuch/ reissen will/ vnd ehe man alsdann ein steht bleibt Linial/ ein finger oder Gestnotten für ein schritt oder schuch/ nach dem es dem Messer selbst gefällt.

Dieweil nun der gebrauch alle Instrument machen gebraucht der nachfolgenden Instrument im 27. Capitel bestehen/ gar gründlich/ habe ich den Kunstliebenden hie dahin weisen wollen. Zum überfluß aber/ habe ich ein Exempel/ wie **an** Graben oder Fluß abzumessen sey/ hierzu gesetzt.

Richte erst dein Instrument nach der Höhe oder gerad auff den stecken/ neben den Graben oder Fluß in A, vnd füße durch beide gespalt richten/ auff einig gemerct/ so gut zu erkennen sey/ auff der andern seite des Flusses/ als bey der Baum B, als dann gib achtung was zu der Magnetbeharret ich feire/ z/ solche behalt Darnach wende dein Instrument/ vnnd ruck das stecken/ neben dem Fluß zur rechten oder lincken fürnemen sihe abermal durch solche gespalten/ einen andern stecken/ so du in die Erden gestecket hast/ allhie mit C, lernen vnd gib achtung was zu der nadel lendet/ sey es/ wie behalte auch so wer mit von dem stecken A, biß zum stecken C. Ich setze der einfalt 20. schritt/ vnd richte dein Instrument also auff den stecken C, vnd sihe abermal nach dem Baum B, vnnd gib fleissig achtung/ was zu der Magnetbeharret ich feire/ z/ das behalt auch.

Wilst du nun solches abstechen auff ein Papier oder Tisch/ nach dem kleinen schuch verjüngen vnd reissen/ So lege nur dein Instrument eben auff den Tisch/ wie der Magnet zu erst im ersten abstich von A, nach B, stehet/ 2c/ vnd reiß nebenden Linial einen gestrecten riß/ darnach wende das Instrument/ das die Magnetnadel der jetzt berührte se den andern abstechen von A, nach C, stehet vnd rentnuß abermal einen riß also eben als er mit 20 Zol oder sich eben Linial ist lang sey/ in welchem auch der 20 schenckel so du die weite A, C, im Feld befunden hast. Leztlich/ lege dein Instrument also auff das Papier/ daß die nadel berühr/ wie sie dann im ersten abstechen von C nach B, berührt hat/ vnd reisse den dritten riß/ so werde die drey grossen Triangelein Proportion der Graben anzeigen/ Daß so viel deß die seite oder riß A, B, deren A, C, 20 schuch lang ist/ so wirt ist der Fluß oder Graben. Zu mehrern verstand/ biß das ab end 29 Capitel/ dahin ich nach verseue.

Cap. XXIIII.

Ein gründliche Demonstration
umbræ versæ.

Hie ist ein newe Demonstration vnd Vnterricht/ vor denen die in Truck außkommen/ vnnd noch als Instrument oder Grund solche Altimetrie, deßiet/ der Aspiranten/ zu einige eingelerne Instrumente/ also auch der obbeschriebenen Quarat gespiten inder vnd noch als gründlich beweisen/ wie diß Kunst stunden/ vnd andern darmit probieren mag. Vnd begreiffen diese eine nachfolgende Figuren den gantzen Grad/ als Longimantrie 2c Planimetrie messung/ vnd durch als z thun nessen

DEMONSTRATIO RADI, CALIS VMB. VERSÆ.

DEMONSTRATIO
RADICALIS
VMB. RECTÆ.

tieffes vnd kreisen / abgesehen vnd absterdt werden. Dieweil aber allen / was durch zween stand abgesehen werde / genungklich in vmbram verfam sich haben wir solches vmb herzu die weitläuffig demonstrirt.

Erstlich durch 2. Exempel: beren gesihe in D vnd G, auff die Erden gefallen ist / warn die der erste von deinem gesicht iest zum Thurn bekumt / darauß der Kunstliebende leser / nicht allein die andern Exempel som E,F,H,I,L,M,N, gefallen ist / das er die Regel sehen vnd probieren kan / sondern kan auch alle punct der Scala mit der instans orientiren. Darzu wie wir ein kleins Täfelein / das vergehende Kupffer geschrieben beygefuget haben.

Zum andern / haben wir die innwendigen Kupffer noch 2. Exempla, wie kie hier auß zweyen standen / das gesicht falle gleich mehr es wolle / praesentirn sey : Darzu wir auch der Operation beygesetzt haben / zu berecbnen wie endlich wie es gemeint.

Vnd darff man als denn zum grund des Thurns nicht messen / dann man die höhe also auß zweyen vnterschiedlichen standen / sie sind gleich E,F, E,H, F,H, F,M &c. aber wie sie nechsuc sehen kan.

Cap. XXV.

Gründliche Demonstration vnd Bericht/
umbræ rectæ.

Zeweil die Regel fürnemlen in vmbram rectam fällt / fürnemlich da man nur ein stand sta, oder bekumt ein kleins Täfelein (im vergehenden Kupffer) wie sich die gefundene weit gegen der bekanten zahl desen vmbrae befrichte beyerstet: vnd mit 4. exemplis, zwey mit einer scale, vnd zwey mit zweyen standen erklart, so wie das andern zum gleichen gemachsem halten demonstrirt.

Letzlich ist auch zu mercken / daß / wo der faden zu mitten der scale auff die oder die fällt / daß die beslagenen deinem gesichte so auff die Erden gefallen ist biß zum Thurn (wie weiß es auch gesagt) der höhe des Thurns gleich ihr Zeichen in beiden vergehenden Figuren in im stand E, vnd kommen im stand C, klärlich zu sehen ist.

Da wir aber mit zweyen standen in vmbra recta, bald will fertig sein / so wirst lieber st nicht / biß der faden zu mitten der scale komme da die der seiner schafft als wie in F, darnach gehe weiter / so wirt du weist wol ihn wie die Exempel E, F, der anweisung geben.

Cap. XXVI.

Wie man mit disem Instrument/ oder mit der vorbeschribenen Quarta, erfahren soll/ob man das Wasser auß einer Brunnenquellen: biß in ein Statt oder Schloß/bringen möge oder nicht.

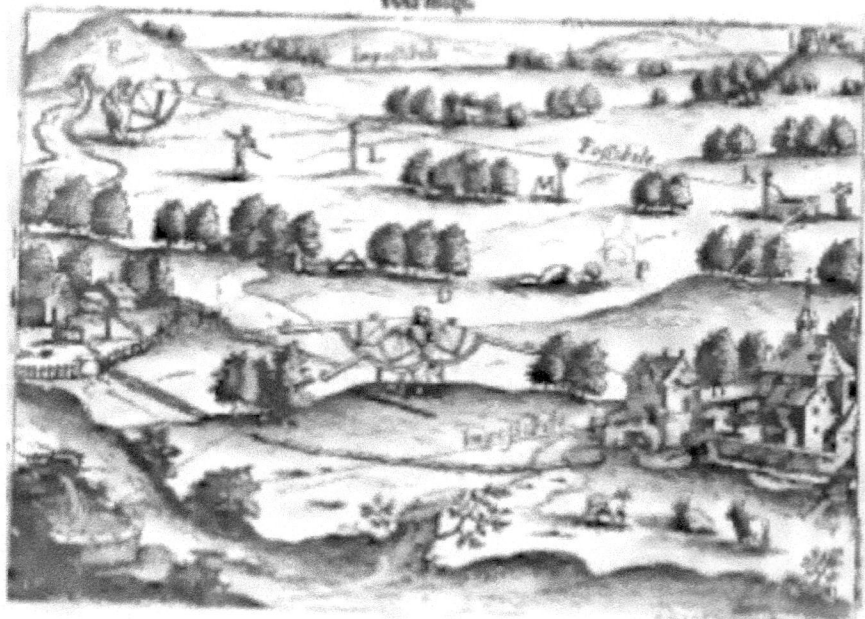

D Abu ein Brunnenquellen an ein ort leiten wilt/soltu erstlich probieren/ ob solche Quellen in den ort/dahin du es gern hettest/des fallens halben/ge= führt können werden oder nicht: Solches erfehrst also:

Als zum Exempel/du wölst gern wissen/ob du im ort X. vnd I, einen Springbrunnen richten köndst/so du das auß der Quellen L führen wölst:

Jäger dich zu derselbigen Quellen F, vnd vnder dem Instrument auff seinen Boden/ also/ daß der seite des Instrumentes A, achend bey dem, wie es zu so hoch sey/ als die Bronnenquellen F, als dann werde dein Instrument vnd gespüre nach K, das L, dahin du die Brunnen gern führen weltest, wie es dann der seiten über die seiten D, des Instrumentes/ also/ daß das viereckigt in dein Instrument sonder wie du im gespüre nach L, ist es vnmöglich an den ort L, solcher Wasser zu führen, weil das ort L, ist höher als der Quellen F.

Wit aber der Faden auff dem Instrument bey D, in dem gro grad/ also/ daß z. 4. 5. 6. 7. aber mehr grad deren/ als die im gespüre nach K, so ist es wol müglich vnd fast leicht/ solches Wasser durch seinen natürlichen fluß dahin gebracht.

Wie es sich aber begeben das zwischen der Statt vnd der Quellen ein höhe were/ also daß man ein ort vom andern nicht sehen könne, wie wir die Brunnen A, zu C, zu die Statt B, so verschlag dich auff die höhe von welchen du beide die Statt vnd den Brunnen sehen magst/ als nemlich/ die auff den Statt D, vnd zum ersten die Statt B, hernach auch den Brunnen A, so beweist du daß der faden nach B, 25 grad/ vnd nach A, 50 grad/ daraus folgt daß die Quelle A, niederiger ist als die Statt B, derhalben es vermüglich/ das Wasser der Quellen A, zu der Statt B, zu führen.

Wit aber daß die wagleiten über D, auff den wenigern grad/ oder daß es das Instrument gar nicht deuten/ als wie nach C, so ist der Brunnen C, höher als die Statt B, dahin er leicht kan geführet werden.

So aber die Brunnenquellen so weit auff der Statt were/ daß zu dem der Brunnenquellen der Statt/ oder von der Statt die Brunnenquellen/ nicht sehen könnte auch kein höhe die wir haben man beide die seite zu gleich sehen könne/ liebens seit du bey dem Brunnen anfahen/ vnd das Instrument so gebreucht wie der faden gerad auff D, falle/ vnd dein zahl betrachte/ also du in beide sichten/ gegen einem Berg Baum oder Garten/ wie nimmer die ein gute gemerck seit darnach gehe dahin/ vnd nahe dem Instrument in lassen gemerck hohe stand schaue weiter wie weit das sey/ biß zu der Statt.

Oder laß hierin also geschicht/ so weit du sehen kanst einen stecken einstecken/ daran hener ein weiß näblein oder sonst ein zeichen/ als du zu L, darnach die dein gemerck nimmer magst sehen also seit nach M, biß letztlich zu K, so weit kanst du leicht wie erfahren/welcher ort höher oder niederiger ist.

Ein Wasser/ da man gern einen Brunnen graben wolt/ im suchen/ beschreibt Vitruvius also: Geh vor der Sonnen auffgang ehe die Statt die feuchtigkeit von nacht vergehet/ zu dem ort/ da du gern einen Brunnen graben wolt/ streck dar dich vber auff den Bauch/ vnd schau allenthalben vmb dich nider, ist der Erdreich glaubwürdige du auffstehende feuchtigkeit findest oder sicht/ so ist an einem solchem ort/ wie ein rauchen Nebel/ da setzt ist ohn zweifel verborgen Wasser im Erdreich. Schau die Figur an dem Buchstaben F.

Geometrisch

Cap. XXVII.

Beschreibung eines andern Instruments / alle
distantias oder weiten / von einem ort zum andern / oder die breite
eines Fluß / abzumessen. Item ein Seue oder Land von 3.4 6.oder
3 o meilen grundt / nach dem kleinen schuch ver-
pflegt abzumessen.

Iß Instrument A.B, mit seinem Magnet / welche gemacht von einem
harten Holtz / ungesehr aber finger breit / auff daß das stählein darinn der
Magnet stehe / sicherlich ruhe habe ist verstehn ein schuch von A. biß B,
lang / und einß daß stählein mit seinem gespitzten E, dermassen darein
gesetzet sein / daß man das zeigerlein (sampt dem stählein) auff alle weil so auff disem Instrument umbher in 3 60. theil getheilet werden den: Item so ist das gantze täflein mit den aussge-
theilten

geſchehen Circkel / alſo durch gebracht / das es man ſchen des Inſtrument in die höhe oder in einen grund richten / das ſich an allzeit eroberhente / wie der Magnet ſich vnderſchreiben enlge. Welches allerlei Berg vnd Thal abgeſehen anzurecht die ſinnreichſte ding in einem Statt/ da man ſie im grund wiſſen wil zu abſeruieren gar Nutzlich vnd nötig iſt.

Wider gehört hierzu ein lineal / hie mit C,D, angezeichnet. 3. oder 4. ſchuch lang / vnd ſtehet ein jeden frey / das ſo lang zu machen / als er wil / nach dem die Tafel oder Papier groß iſt / da da dein obſeruieren abſehen auff magen oder wiſſen wilt. ie lenger aber das lineal iſt / ie beſſer.

Solches lineal iſt abgetheilt jeder ſchuch in 12 Zal ſolche Zal in 4. 6. der mehr Gertlein tlenet / wie diß hierbey gewiſene / jeder Zal in 4. ſolche theil enthellt iſt / einer berzu / da man er was abſehen oder abgeſehen hat ſol ſhon auff ein Tafel oder Papier / nach dem kleinen oder jüngern ſchuch zu reiſſen / vnd werdt die alſo aus (wie hiernach verzeichen würde) aus Zal oder Gertlenken diſes Inſtruments / wie ein runder ſchreier oder ſchuch ſo du ins Feld geſchriben haſt nimen.

Letzlich gehört zu diſem Inſtrument ein ſtecken von 4. ſchuch / hie mit F,G, vermeint unten mit einer eiſernen ſpietzen u einem gelben / damit man ſolchen rechte perpendicularieer in die Erden ſtecke oder auch der ſpitzen ans vnten ſtecken iſt ein Meſſinges Naſtein hie mit G. verzeichnet (dann eiſen ſol von Magnet hindern) welches in dem Inſtrument oder lineal / ſo an der ſtange ein ſchlein loch ein haft ſteken muß / doch alſo / das es frey vnd her dehet mag werden.

Cap. XXVIII.

Gebrauch diſes Inſtrumento/ die breite einer Fluß abzuſehen.

Am an nun ſolche Inſtrument hie weiter einer Fluß oder Grekens abzuſehen gebrauchen wil. Thu im alſo / auff der ſeiten des Fluſches du biß ſtecke den ſtecken perpendicularieer es iſt ſchwartzoder neben dem Waſſer in die Erden A, breuff legt das Inſtrument alſo das das meſſing nägelein G. durch der Inſtrument ſchlein H, gehe von der Magnet ſich verſchreiben kante / auff welche das lineal mit ſeinem angeheſten Inſtrument beſt auch ſeite ſchein / ein eim ſchäden von einem Baum / Stein oder Steckenauff der andern ſeiten des Fluß Geſicht in vnd ſeltgeheter Inge B. Darnach nente das ſtiblein ein eruch des linealſan ſeinem Magnet ſo lang biß die Magnet nadel gerad auff zeine merklen Kreib ſtehet / vnd alſo acht hine / auff welche zahl von den 12 6 12 das gewimen Eugleben iſt / biß ſtreuff z iſt. Auf denn biß das Inſtrument auff ſeinem ſtechen ſtehn / alſo e iſt / das das geſihte naben den Fluß / nach der rechen oder linken Seiten durch ſich geruntlich ſoll weiſe die nach. Da allein ſtecke angeichen anen Stecken darauch du dein anen augenmerd nemeſt vnd ihr durch beſte geſchild ſieten

den ſieden flecken D. hernach oſt oder / da die Magnetnadel recht geleget auff welche zihl das zeigerlein E. ſtillſtehet ſchreibʒ 230 ſolche behalte auch hernach miſʒ die weit von A, biſʒ D, welche ich ſtanʒ ſchühwert richte aus dann dein Inſtrument auff den flecken D, dermaſſen daſʒ du durch beide ſichlein den Baum oder zeichen E, abermal ſichſtrichtet die Magnetnadel recht vnd ſihe was für ein zahl das zeigerlein E, abſchneidet / als die 100 ʒu zehren bericht ſchⁱne diſʒ figur.

Vnd wie alle diſʒ abſehen auff deiner Schmiltaffeln alſo:

A.B.				3 52.
C.D.	iſt 2. ſchuch	ſeind	2 56.
D.E.				1 10.

Auff daſʒ du die alſo außer Bogen reiſſen wie du diſʒ nachfolgende Capitel außweiſet.

Cap. XXIX.

Cap. XXIX.

Wie man solche observirte absehen in planum,

dem kleinen verjüngten schuch nach / in mate proport/
auff eine Tafel oder Papier / aufftragen oder
reissen soll.

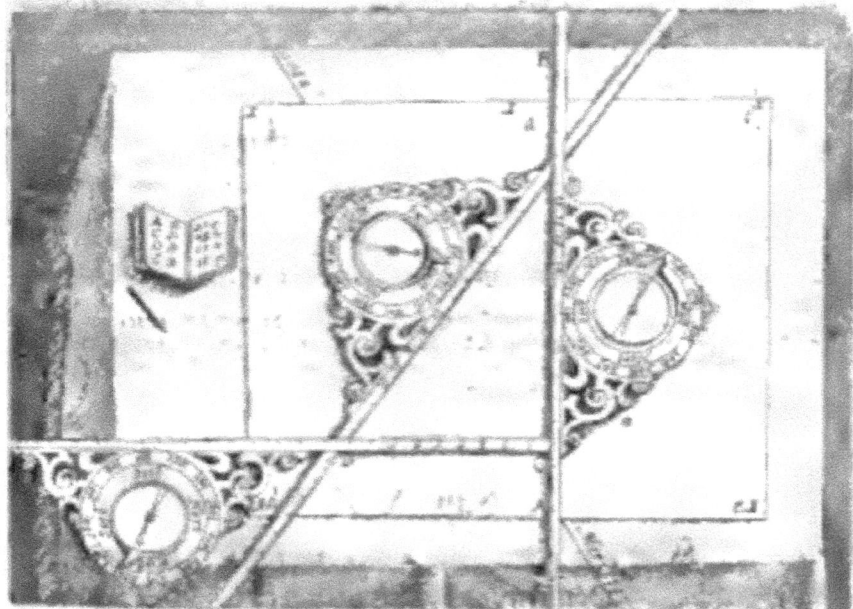

Es gt erst ein Papier auff einen ebnen Tisch oder Bret / solches hesste
in 4. oder 5. örter an / als hie a.b.c.d.e.daß es ebenmeßig und vest lige. Darnach nincke das höltzerne getriebenen E. so er vie 3.2.8. pabt außschneiden be er gi-
rong in dem gesicht von A. nach F.gesehen E. und legt das zwölf stuwe dem

Instru-

Instrument auff das Papier/ wende es so lang/ biß die Magnetnadel auff jrem vnterstn strich gerad stehe/ als dann reiß neben dem Lineal/ ungefehr ein linea A,B, so der Cathetus diser Triangels ist/ als dann rucke das prism̃en E, auff 356. da dein ander gesicht dem C, in D, gesetzet ist/ richte auch den Magnet recht/ vnd lege das Instrument auff das Papier/ vnd reiß den andern riß zu der basin gut. So ist aber zu erforschen ob das lineal eben so lang ist im̃er/ als die weite C.D. so du jtzt gemessen/ vnd es selbst befunden/ du magst aber die theilung der Lineal hernach gestellt/ so du für eine ruthen/ schritt/ oder schuch so du im Feld gemessen/ beständig ein Zal/ oder ein Gerstenkorn/ brauchen magst/ nach dem das Papier oder die Tefelin klein oder groß ist. Als die zum Exempel/ Für die ich schelte/ so du im Feld/ dem C, zu D, erfunden hast/ heisse die ein linien von 9 Zoll/ so ist halbe Zal machen/ weil das ein halbe Zal der Instruments/ ein schuch auff dem Felde/ bedeuten wirde/ vnd so du dann jtzo erforschen wilst/ of vnu nahen/ daß du die seiten des lineal gegen den gemessnen seiten A,B, setzest/ also ist ob der riß C,D, so du aus E, schort reissen wilt/ an dem riß A,B, anfange/ wie die vorige Figur das Instrument recht zu legen/ jetzo klar lehret.

Welche Figur wie die recht/ ohne mühsamkeit dem andern grunde der Kunst/ dem Kunstliebenden leser zu erstatten/ eigentlich en kurtz inventiert vnd beschrieben habe.

Da das also gethan/ rucke das prismlein E, auff 100. vnd auff dein inter/ also dem D,E, gesetzt ist/ richte auch den Magnetnadel/ vnd legt ist lineal/ am ende der linien C.D, an D, daß das ander ende der Linea die linea A, B, absoncte/ vnd dürff in seinem der breyten riß aber linien/ die lenge absorer so weit in deiner C,D, das lineal stät in den riß A,B, wie es weist/ vnd mache das kurtze oder lange linien von D, nach B, wie du misst/ so wie hypotenusa des Triangels ist.

Da nun zu der riß D,E, bemerken riß A,E, also wirstu/ das wider die rechte proportionalstnur A, E, gegen der lenge A, D, oder C, D, sintemal da du mit dem obgestelle Lineal von A, zu B, legst/ befindest du das A, E, 34 schüch eben güter desen A, D, 18 geben hat. Also ist die weite des Fluß A, B, 34 schuch.

Cap. XXX.

Wie ein gantzes Land/ mit allen seinen
Dörffern vnd zugehören/ inn grund zu
reissen sey.

Durch gleiche mittel/ kanst du ein gantzes Land mit allen seinen Dörffern/ Müln/ Weyern vnd Häusern/ man sie allein eine weite von ein Dorff zu aber einem orts/ zum andern/ so weit/ nach dem ebenen schuch/ verjüngen vnd in grund legen/ wie disse Figur anzeiget

Als hie zum Exempel/ als wenn die riß o Dörffer/ Flecken oder Häuser/so hie mit

                                                  A,B,

A, B, C, D, E, und F, bezeichnen hie. Weil dann möglich zu rechten diser fürgeschriben einem Flecken zum andern/ also/ wie dem abschen graad von Mittag nach Mitternacht sich wender als hie von E. in B. Im fall aber der abmessung/ so die abschen wolauff 3, 4 oder 5 meil grösser es wol von nöten ein Transitorium von Mittag gen Abend zu suchen/ wie die y unterwerts die linea G, H auffrechen/ und abzernte was für gemelte darinn gelegen.

So wann in E stehest so richte eben dein Instrument nach B, vnd merck auff welche zahl das zwerchlein E, gesehen seye. Darnach richte es nach D, vnd behalt gleichfals die zahl die es daselbten abschneidet / thu auch also nach A, nach auch F, da sie es erlangt sehen kanst / kanst du es aber nicht sehen / alß in der vorgehenden figur / so vermerck in B, wie weit als dann die vierte E.B, so zu 600 schuch oder weiter ist / dann es von jhnen beyden ist ein distant oder weite / vnd anderer solchen darnach gerichtet / bist du richtig allda in E, abermal dein Instrument / gib jhm die örter D, F, C, A, auff seiten wie andere / so du sehen kanst / vnd observir jeder sonderlich / was jeil das zeigerlein abgeschnitten hab.

Vnd ist von nöten daß du jedes ort oder gemerck zwey mal selcks auff each in im abrissen der Creuz vermerckt in welchem Creuz denn das ort / so die von beiden stünden abgesehen ligen muß. Sonst wann mehr denn oder Jürchenda / so du auß B, nicht sehen kanst / so rucke dich in einen andern gelegenern stand / vnd begann alles / so du vergehenem willst geschen kan treiben. Dazu dir die Verzeich deren vorhandenen zer ... sein. Wie das letzte folgende Capitel mehrern bericht gibt. Vnd also daß du dein abschen verstreiche / Reisser allein / daß du fleissig auff deiner Schreibtafelein verzeichnest was jeil das zeigerlein in allen abgeschnitten habe:

$$
\text{Von E in }
\begin{Bmatrix} B. \\ C. \\ D. \\ A. \\ E. \end{Bmatrix}
\text{ findet}
\begin{Bmatrix} 3 \ 60 \\ 3 \ 17. \\ 2 \ 72. \\ 68. \\ 2 \ E. \end{Bmatrix}
\text{Von B, in}
\begin{Bmatrix} D. \\ F. \\ C. \\ A. \end{Bmatrix}
\text{findet}
\begin{Bmatrix} 86. \\ 68. \\ 115. \\ 317. \end{Bmatrix}
$$

Item von E, in B, befunden 600 schuch / oder ein milliarium.

So du nun solche abrissen auffs Papier / nach dem kleinen schuch reissen willst so mache er Bleib vnd zu allem vergrößere zu mittern vnd Papier (nach dem es vest gemacht) die Mittaglinea. E.B. Da dann nimm du ein erhabte linie muß / nach deinem gefallen für / alß die die nach einer Milliarii von 600 schuch mit L, K, respectirt, die du in allen disen reissen ver linien brauchen muß. Damit man auffs Papier die zwen erforderten örter E, vnd B, genau auff die Mittaglinea / so lang alß du die andernhey vng. gefunden hast / nemlich 600 schuch / so die weite deiner erfahren muß ist / vnd vergleiche die zwen örter auffs Papier / mit zwey püncklein / zwen für vorgehende Figur anzun denach mache nun dein zeigerlein E, auff alß dahin es in dem absehen von E, in A, geschen als / wende das Instrument / laß der Magnet recht stehe / lege es alß dann in E, vnd mache eingeschicklich ein linea.

Nachs alß das zeigerlein auff 317 so es in deinem absehen von B, nach A, keiner bett Ende reiße eugeschicklich widerumb ein andere linea auß B, (da der Magnet recht stehe. Wo nun dise linea auß B, vnd die / so du auß E, geschen hast aneinander im Creuz abschneiden / da ist d as rechte ort / da gemeck A, stehen muß.

Thu jm also mit allen andern absehen wie berurnbar gesehen Creuz wider dir das geschicklich auff einer reine gemerckt angezeigt. Wilt du nun wissen wie weit A, von E ist / trifft du solches nicht messen sondern allein dem linea milliarum L, K, von E, in A, solange wird je sie angezeigt / daß sie 3 600 schuch voneinander der zeigen sehen / solches kanst du mit allen andern breiten.

Cap. XXXI.

Cap. XXXI.

Bericht des verjüngten kleinen erdachten maß/ so man im abreissen/ für die rechte Ruthen/schritt/ oder maß gebraucht.

Nn man nun etwas abgesehen vnd gemessen hat / vnd solches gern auff ein Papier übersehen weiter nach man eß vnd es aus binemus/ wie ein mal ersuchen oder Kammen / wie das vorigen Capitel angezeigt ist worden / welche maß man also in einer größe / zu allen zeiten verfertigen abriß er auch man als in der vorgehenden Figur zu sehen / also mit Zugern oder erdober maß mit A. B. verzeichnet / von 10 schuch weiter zu allen abgerissenen linien die auff dem centro C, gezogen als in den andern gelehret ist.

Zum Exempel.

Das spatium oder weiten C, F, hast du mit dem Instrument abgesehen / vnd befunden / daß sie als rechte Messungslinien ist / dann das zeigen ten E, 360 berhur / deselbe weite hast du auch mit deiner Meßruten ab gemessen / vnd 26 ½ schuch lang befunden. Da du kann solches auffs Papier verjüngen wie letzt Gabelbru so weite C, F, zween solche messung 6 ½ kleine theil / als die erdober rute von 10 schuch her mit A. B. vereinist lang reisen. Also seind die 26 ½ gerechte schuch in 26 ½ imaginierte oder erdober schuch verjüngen. Vnd müssen alle andere linien mit solcher maß abgetheilt werden wie die linea C, D, zu den zeiger dein E, 304 berhur hat / findest du mit dem rechten maß 30 schuch / so muß sie auch 30, also erdober maß A. B. so 30. dritter theil halben lang sein. Thu also mit der linea C, G, da das zeiger dein E, 117 mit C, H, das 40 mit C, I, das es 58 berhur hat vnd mit allen andern linien / so du abreissen wilt. Dann wie sich die erdober maß von 10 schuch beträgt der abgerissenen Form oder Gebrauch / also haben sich 10 rechte schuch / gegen dem rechten abgemessenen Zeile.

Doch siehet einem jeden frey die rechte zwermeten schuch / so groß oder klein zu imaginieren vnd zu ordnen / wie fry mit einem Circkel oder linial / wie oben setzt vnd. Wie romus im 27 Capitel auch gesagt daß darzu das linial des Instruments ab gehöret sey / in schuch vnd zol / vnd jeder zol in 4 Gerstenkorn / auff daß man solche abtheilung nach ab gelegenheit / auff dem Papier / ein schuch / zol oder Gerstenkorn / des linials für ein rechten schuch oder schuch / so man im Zeile gefunden hat / gebrauchen möge.

Der rundig Circkel / so in der vorgehenden Figur gerissen / repräsentiert oder bedeutet den Circkel / so auff dem Instrument vnd vnd von dem Megner in 360 theil getheilt ist. Vnd seind hier anstehende zahl 58 40 360 etc. die zahl / so die zeiger dein E, auff dem Instrument in der 360 berhur hat. Vnd kann solches hie mit dem Instrumentlein des 27 Capitels mit der that allhie zu bereiten.

Cap. XXXII.

Weiter Bericht der verjüngten kleinen erdachten maß/ so man für die rechte maß/ im abreissen gebraucht.

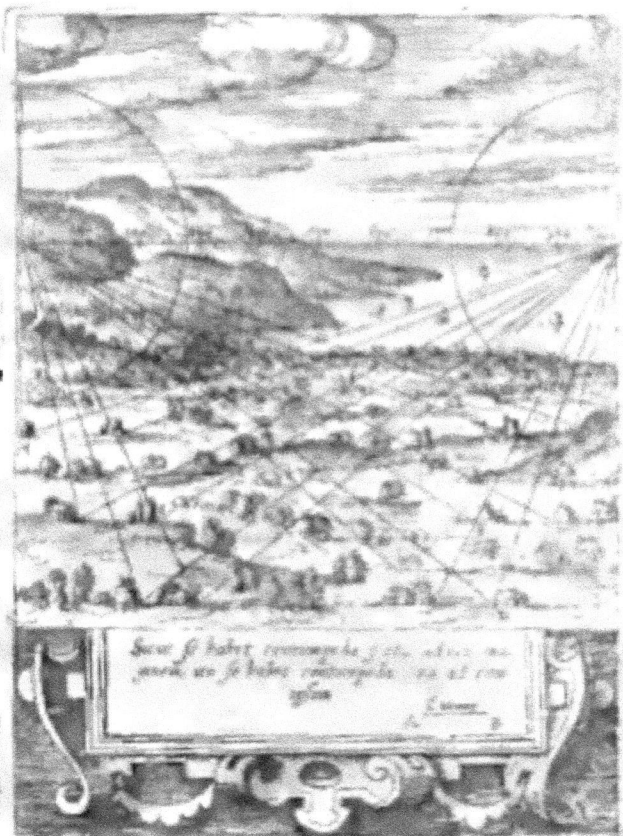

Je Maß / damit man etwas verjüngen will / würde ein mal kleiner als das ander mal imaginirt / vergleich wird gebraucht / nach dem die war gemessene sache so man ins Grund reissen will / groß oder klein ist / begreift und die Tafel oder Papier da man es auff reissen will / groß oder klein ist. Wann jeder beständig proportional leichtlich abnemen kan / begib man sich kan es von fuß oder mehr meil weit von dem verbleibt / muß ein klein spacium müssen haben / daß man die kann / (so ist) die maß der der jüngsten Schuch-Wörter oder rutten / kleiner / als wann das spacium grösser were / vernemen und gebrauchen muß / wie die vorgehende Figur fürtlich vorkommen gibt / also ein maß / continuende / den 100. Schuch mit A.B. bezeichnet zu dem gantzen streiff gebrauchet ist.

Wie sich dann die fürleger oder erdacht maß den 100 schuch / helt gegen der vorgehenden eigentlichen Figur / also helten sich 200 rutter schuch / gegen dem rechten Feld.

Da man denn solche maß von D / in C / gesetzt befindet / darbei daß spacium die maß A, B, den 100 schuch lang ist. Trägt die die von L in E / so findet er 5. solcher maß / so 500 schuch machen.

Den D / in F, 4½ solcher maß / so 450 schuch / und von G / in H, 10 solche maß / so 1000. schuch nehen.

Die zween halbe zirckel Stücke aber / so die arten (in vorgehender Figur) greiffen / bedeuten anders gut / ist wie den Stücke / so auff dem Instrument / vermög der Magnete / in 340. grad (wie im 31. Capitel gesagt) geschlagen.

Cap. XXXIII.

Wie man ein Statt / Garten / Weyer / oder Wald
in seinem umbkreiß abmessen / und nach dem kleinen
schuch verjüngen auffs Papier zu Grund
legen soll.

Uff gleicher weise kan man auch ein Statt / Garten / Weyer oder Wald / den seinen weiß abschen vor messen / und also damit nach dem kleinen schuch / mit dem Instrument auffs Papier / verjüngen und reissen / und hernach maß man / (so aller der geringsten weyle man abschen will / die rechte linien gibt / den Stand verändern / und das Instrument also zu dem neuen richten / und also mal fleiß notieren / was zehe das gezeichin E, abschreiben. Da zu seine schiß ecke / verzeichnet

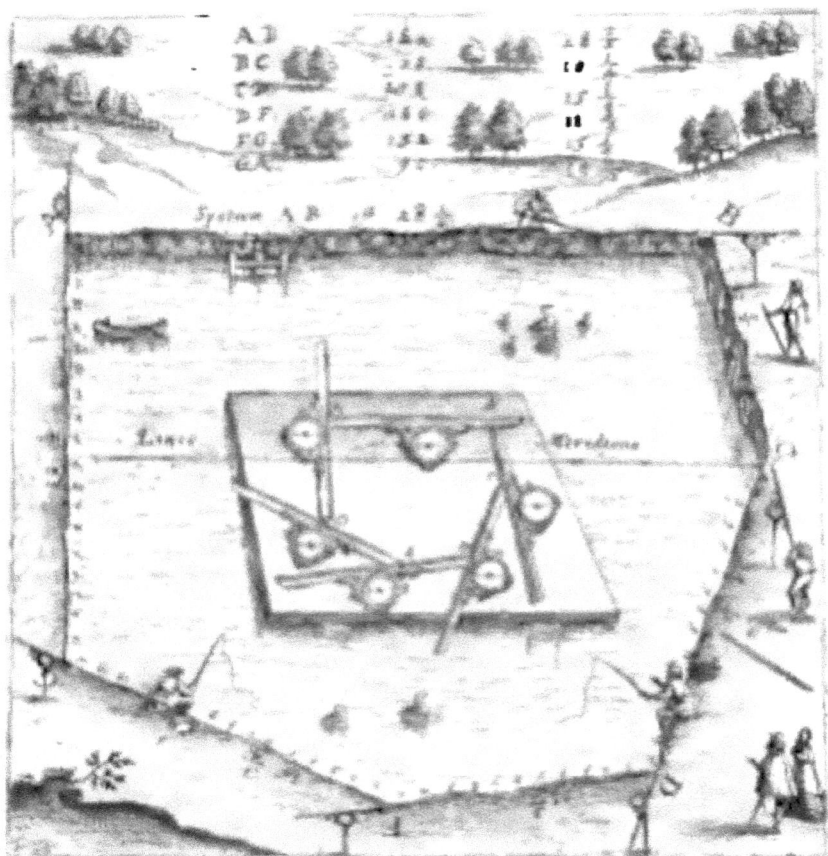

Exempel.

Die proport. breit mißreiß / der Stat. Sonne. Weyer, oder was es ist / daß du abmessen willst / sey denn A, B, C, D, E, F, G. Nun ist es von nöten / daß du solchen a mißreiß erst und von allen abschleiff / abradiere / und gerecht es ein Sonne / so kanst du solches auff den Wilden thun.

Richte d' dann dein Instrument erst in A, fle fleissig nach dem rechten strich B, unnd observier auff welche zahl der 3 6 0 das zeigerlein E, erfallen ist / als die auff 3 6 0 und damit deiner Meßruthen / wie ell ruthen passier, oder schreiben A, biß B, seind wie inn diesem Exempel 2 7½ ruthen. solche gefundene zahl und weite schreib / wie dir das hierumm gerissen Exempel auff der vorgehenden Figur anzeig.

Als dann richte dein Instrument in B, und sihe nach C, erscheint auch was zehl das zeigerlein E, abschneidet / als die 28. Item / die gefundene weite B, C, so bie 1 0 ¼ ruthen seind.

Sihe / und miß ferner also fort / von C, in D, so zeigt das zeigerlein E, auff 2 5 8. und ist die weite C, D, 1 5 ¼ ruthen als dann von D, nach E, so zeigt das zeigerlein auff 1 8 6. und ist die weit 1 1 ¾ ruthen und von E, nach F, und F nach G, so zeigt auff 2 5 2. und ist die weite 1 5 ¼ ruthen. Wie schließlich richte dein Instrument in G, und sihe nach A, da du angefangen hast / so schliest das zeigerlein 2 0 8 befindet die weite G, A, 1 5 ¼ ruthen weit. Als hast du den umbkreiß abgemessen / aubermessen und abgangen. Willt du nun solches nach dem kleinern erhaltenen stich auffs Papier in grund reissen / so nimme die erstlich für / wie für ein kleine maß der ruthen und stich du brauchen wilt / als zum Exempel ich setze / das au zehl des vorne erzehlten kintals vom 2 7 Tag der für ein ruthen diente wird / dann ist davon beygerissene Figur / haben wir mit dem selbigen 2 7 Tag ins kleiner Instrument (nicht ohne geringe müh) nach der weren Kunst erstlich auffs Papier in grund gelegt und gerissen. Welches der Kunstliebende leser / so er ein theilung solches kleinen Instruments / neben diesem beygerissenen umbkreiß / ersporiret hat / und wirt befunden / daß die seite A, B, 2 2 ¼ solcher eell lang ist als die seit B, C, 1 0 ¼ / und C, D, 1 5 ¼ &c. und vergleichen sich dise linien eltz mit der rechten maß / so man im Feld gefunden hat.

Als dann so ziehe das zeigerlein E, auff 3 6 0 welche zel es im absehen von A, nach B, berurt hat / und lege das Instrument mit dem Lineal / da das Papier über auffgenaget ist / darauff / wende es so lange / biß die Maumen erst ordentlich / als dann reisse neben dem Lineal ein linien 2 8 ¼ zel lang für die genugsame 2 2 ¼ ruthen / im Feld bedeuten. Und richte als dann das zeigerlein Lauff 2 5 8 so es zu deinem absehen von B, nach C, berurt hat / welche das Instrument biß der Maumen zu die sicher wirt lang zu / an die Papierscheiben ein Lineal der Instruments / mit der spitzen / am ende der linien A, B, in B, berur / und weist neben daran ein linien 1 0 ¼ zel lang und wird dise Maumen zu samen der Zeits oder Weyers B, C, geben. Siehe als dann

dann das zeigerlein zu seiner benderen zal von C, nach D, auff 1 5 8. vñ ruß nebendem linial (da der Magnet erste stehet) so vil zal, als vu im Zeld außen gefunden hast. Alß also von D, nach E, von F, nach G, vnd letzlich von C, nach A, so baltu darnabgeschnetten vnd abgemessenen vmbkreiß, nach dem kleinen scruch verjüngt.

Allein musst du wol obseruieren, daß du ein linien auff das Papier reissest, daß das linial mit seinem anfang die letze gerissene linie, daß du reissen wilst, anfange, da die vorige linien sich geendet hat.

Wie die vorgehende kleine inwendige Figur anweiset, auff welche die linial mit dem **Instrument** gelegt sind, wie man zu nachzurauder, den vmbkreiß auff Papier zu reissen, legen soll.

Allein soll man hie mercken, daß also nur ein Instrument, so von A, biß B, gestreckt, recht lag, wie es gebührt, vnd müssen die andere alle auch eist mit dem Magnetstein innerwendig lagen vnd wenden der welchen sie vnd der kleine treffen, in eiser Demonstration nicht hat geschehen können.

Ist es dann ein Meyer, Garten oder Wald, so du abgesehen vnd gemessen hast, vnd jre aller länge gehan, so du eben gelehrt, ste hast du solchen in seinem rechten vmbkreiß.

Ist es aber ein Statt, so reisten noch, daß du dir also den vmbkreiß hast, du auch inwendig die gelegenheit der Gassen vnd Gebäu erkänns: Wie folgt.

Cap. X X X I I I I.

Wie man ein Statt mit jren Gassen, vnd in-
wendigen Gebäuen, absehen, vnd in grund
legen soll.

Valckerus Riuius, der weyland Kunstreiche Mathematicus, in seinem Buch der Geometrischen messung, im 5 Capit. am 4. vnterscheid, lernet gar künstlich ein Statt abzusehen vnd in grund zu legen, auß jren Thürn, auß welchen die ganze Statt mag überschen werden. Dieweil aber seine Bücher nit vorhanden, vnd dieten noch zukommen, hab ich mir solches hie zu wiederholen vnd jng gracht.

Damit aber der Kunstliebende Leser mit diesem Beschleß Capittel, deste besser zu frieden seye, haben wir hie noch etwas darvon sagen wellen.

Auß zweyen vnderschiedlichen Thürmen/sampt die denn alle andere Thürn/Brücken Stege/Thör/Häuser/Kirch/Kartheuser/wie sonst den fürnemen Gebäwen mehr verhanden seind/observiren vnd absehen/vnd ist derhalben diß Instrument Magnetisch/daß/ob schon das Metal/von aller blinden angerürt oder den vnten hinauffwerts gericht ist/das Lästein dud Magnet allzeit recht beweise vnd zeige.

Vben soll du allemal wie du etwan vom Thurn ob geschlechtshaft/fleissig acht geben was bald das zeigerlein E. berürt hat/vnd zeichne das auff dem Scheibstäffelein ob sampt der Thürn da du auff best/ist H. von dannen du von den Brunnen L. auff dem March ab schiessest solte das **zeigerlein** E. auff 273. Soll es also:

Von H. auff den Brunnen L. seind 273. vnd thu also mit allen andern absehen/so offt von einem als den dem andern Thurn.

Die zwen Thürn aber/welche man die andern abgesehen brauchen will sollen erstlich da man die Stæte abreissen wann ihren rechten Stand erwischen werden/vnd sollen also gelegen sein/daß man alle die fürnempsten Gebäw der Stadt darauff übersehen kan. So aber die Stadt so groß ist/man 3. oder 4. Thürn ins gelegenheit der erst gebrauchen. Denn also von die zwen macht wie vormen im 70. Capitel auch gelehrt ist/so verhelt daß zwen gesichter zusammen so sind/daß ist wo der König so du zu Thürmen instrumentis auch im grund treffen also geschicht da die zwen riß auff dem einen vnd andern Thurn getroffen Strich einander abschneiden da wirt daß ort sehen müssen der auff die linien gericht seyst.

Als zum Exempel vom Thurn H. siehst du die Capellen O. so berürt **das** zeigerlein E. 323. Solche Capellen steht du auch abwegen Thurn P. vnd berürt das zeigerlein E. 30. also hast du das auff dem Scheibstäffel verzeichnet. Wie er das in seinen rechten gebürlichen ort dein zentrum rückt das zeigerlein E. auff 323. so erscheinet sich also du ersten vom Thurn H. absehen hastige also dann dein Instrument tritt das centrum H. wende es so lang/biß der Magnet recht stehet/vnd reisse eine blinde linea eingesehen. Noch darnach das zeigerlein E. auff 30. so ob du vom Thurn P. die Capellen gesehen/berüre du von bey dein Instrument in das centrum P. daß das Metal deine erste gesehen linea abschneidet da dann das Instrument so lange gewendet werd/biß der Magnet recht stehe/so reiß auch ein blinde eingesehen linea. Da dann solche zwo gerissene linde linien im Treff zusammen kommen/so ist das recht **ort** der Capellen O. Thu also mit allen andern.

Da siehst du dann also auff dem Thurn observirt werden/wirst dem nützlichen fürnehmsten Gassen/mit dem Instrument wie ich die gescheiden zwischen oder rücker dein Instrument ins Thor K. vnd sihe das ecke der Brücken M. so stelt das zeigerlein E. auff 323. miß auch die breite K. M. ist sey es sey 254. rechten/vnd schreib auch miß auch die breite der Gassen/vnd schreib darzu wie auch also sie von M. nach dem ecke des Marcks N. vnd alle seynen fürnehmlich oder seit du abzeug gehen/ob ein Fluß durch die Stadt fleust/ist im also so observir deneben dem ort/da er einfleust biß da er wider ausfleust/so wol mit dem Instrument als mit der Rachen/auff daß du die fürnempsten Brücken vnd Mülen/auff jren rechten ort in also setzest.

Da du nun solche absehen oder im verzug und bereit wissen wollest, mußt du zu der zeit dahin das vorige Papier daraus der zu mässiges gewisse absehe vornehst styhmk da solches geschehen wem soll man das Papier wider auf seine rechte Wende, wie es zuvor gelegen, richten. Deßhalben ist es gut daß man auff allen Papieren, da man ein auffreissen will, zu ruhr Meragiani observir / so auff der vorgesehen Figur linea Meridiana, genennt ist auch welcher man das Papier allezeit in gleichstellung der vier Eier oder wind der Welt / wie die Stett gelegen gleichsten und welcher wenden kan.

Da kann das Papier recht ligt / und weil gesetzt ist so reisse die zween Thüren H, F, in ihr gebürliche Eier auf welchem zwen contrositz oder münchen-hertlein die alle die ändern erfordeten gesichte reissen muß. Und sollen solche räissle erst kund / das ist mit einem Bleyweiß Reiss / Messerreiss oder nur dergleichen materia so man nachwisch in kangerissen werden. Dann sie allein deßen proportion und beweiß / wie das also man begeret uffe Papier zu reissen / setzen soll, welche allzeit ist im Centro da die zwo linien einander abschneiden, wie von mir mit dem Exempel der Tavolen O, gesagt / und da die linien der selbe angezeigt haben / sollen sie widerumb außgelöscht werden.

Deßen allen nehen den vorgemeinen Figuren / deßen wir und dann wessen gnugen haben / achten wir für genugsam / der Kunstliebhaber lesen werde sich dereus übertünst zu richten wissen. Und ime solche unsere autgemeine Andeut günstiglichen gefallen lassen. Wolches reiß mir es so hette, lieber es das zu außforen steit und umbständer erzählen und seiner verantssuben ist / wie künfftig so wol in der Geometria, als Astronomia, an tag geben werden.

Als Die Viatoeium oder Wagweiser, bey Tag und Nachts daß man nicht irre geh zu gebrauchen.

Die Declinatio Magnetis à Polo mundi, das ist, wie viel gradus die Magnennabel von dem Polo Mundi, nach dem Morgen oder Brat / allszeit welcher ebne welche nach eichenen gehen Compaß (in den Ländern so gegen Morgen gelegen / wie in Persia, Arabia, India &c. Und so nach dem Abend gelegen / als in America, näher oen wegen der Elevation Poll, so lang bewär / sondern von wegen daß die Magnennabel allzeit vom Polo Mundi welcher) rechte weisen kan: Welche declination wir erstlich abgetheil haben.

Item / usion Radii Nautici, so auch der Jacobstab genennt wirt.

Item den gebrauch des Globi terrestris & coelestis, Astrolabii, Nocturlabii & Rectificatorii, und andere mehr.

Und da jemande die vorerzehlte oder Instrumente / in Messing oder Holtz / oder oder weises / ist ir daren begart kan er solche bey uns allhie zu Nürnberg erfragen und finden.

Vale & fruere.